国家自然科学基金面上项目（42172329）
中核集团青年英才项目
东华理工大学校级青年人才托举工程项目（DHTJLJ202403）
东华理工大学一流人才及团队建设 等 资助

华南花岗岩型铀矿
成矿机制与潜力评价

李增华　谭　双等　著

科学出版社
北　京

内 容 简 介

本书介绍了将流体动力学数值模拟与机器学习应用到华南花岗岩型铀矿成矿机制与潜力评价研究的过程及成果。华南花岗岩型铀矿作为热液矿床，其成矿过程涉及"源、运、储"等多个环节，成矿流体活动与多种驱动力（如重力、变形、热）具有密切关系，构造在成矿流体运移与汇聚中起到关键作用。在研究方法上，运用热-流体耦合、构造-流体耦合、构造-热-流体耦合等多种数值模拟方法，深入研究不同地质过程中流体运移规律和控制因素，探讨赋矿花岗岩中的构造如何控制矿体的空间定位。此外，利用已有岩石地球化学数据，选择随机森林、卷积神经网络等机器学习算法，对华南桃山-诸广山成矿带的九峰岩体、红山岩体以及茶山岩体的含矿潜力进行评价，并取得较好的预测结果。本书不仅丰富了对华南花岗岩型铀矿成矿规律的认识，也为矿田外围找矿提供了重要的科学依据和技术支撑。

本书可供广大地质矿产工作者和大专院校矿产资源勘查专业师生参考使用。

图书在版编目（CIP）数据

华南花岗岩型铀矿成矿机制与潜力评价 / 李增华等著. -- 北京 ：科学出版社，2025.6. -- ISBN 978-7-03-082762-3

Ⅰ. P619.14

中国国家版本馆 CIP 数据核字第 20252YQ709 号

责任编辑：焦　健/ 责任校对：韩　杨
责任印制：肖　兴 / 封面设计：无极书装

科学出版社 出版
北京东黄城根北街 16 号
邮政编码：100717
http://www.sciencep.com
北京建宏印刷有限公司印刷
科学出版社发行　各地新华书店经销
*
2025 年 6 月第 一 版　开本：720×1000　1/16
2025 年 6 月第一次印刷　印张：8
字数：200 000
定价：118.00 元
（如有印装质量问题，我社负责调换）

作者名单

李增华　谭　双　许德如　刘传东

邹永强　黄鑫怀　孔令涛　杨立飞

邓　腾　邹少浩

前　言

　　铀是国民经济建设和军工发展的战略资源矿产，也是实现碳达峰、碳中和目标的重要发展资源。华南花岗岩型铀矿床是我国重要的工业铀矿床类型，主要分布在南岭地区，以诸广、桃山、下庄、鹿井和苗儿山五大矿田最为富集。进一步完善热液型铀矿成矿理论、强化铀矿资源勘探技术，将成为我国扩充国内铀矿资源储量，提升海外铀矿资源开采能力的首要目标。

　　数值模拟方法具有能将成矿条件定量化、成矿过程可视化，以及不受时空约束等优点，该方法在热液矿床成矿机理分析和成矿预测中得到不断应用。热液矿床成矿数值模拟研究表明，构造活化为成矿流体的运移提供动力，其产生的扩容区也为成矿物质沉淀提供了场所。因此了解成矿过程中流体的流动机制和流动模式，可以深刻地理解矿床的成因、矿体空间定位机制，为下一步找矿预测提供依据。相较于传统实验室方法，数值模拟在涉及具有较大时空尺度特征的成矿系统的研究中存在显著优势。随着信息技术和人工智能的高速发展，大数据和机器学习的出现改变了地质矿产勘探研究的思维方式和研究方法，为海量地质数据的处理与应用带来了新的机遇和挑战。利用地球化学数据和大数据机器学习方法的有效结合来对矿产的潜力进行评价，对于指导矿产勘查具有重要意义。

　　本书在华南花岗岩型铀矿研究现状基础上，分析典型铀矿田的地质特征，利用数值模拟技术研究苗儿山和鹿井两个铀矿田的构造活化与成矿的关系，并采用机器学习方法对诸广山铀矿田的岩体成矿潜力进行评价，为找矿提供依据。本书主要获得以下几个方面的成果和认识：

（1）在伸展构造变形过程中，先存的 NE 向和 NEE 向断裂通过在其尖端或两断裂接叠部位发育扩容区，为成矿提供了有利空间，从而控制了苗儿山矿田内铀矿床的产出位置。

（2）NW 向拉张构造活化作用是控制鹿井铀矿田内矿床分布的主要因素。拉张构造活化环境下，断裂上、下盘岩性差异性组合控制了矿体的空间分布。

（3）提出了华南花岗岩型铀矿床流体动力学成矿模式，即地形、伸展构造变形和深部岩浆活动共同驱动成矿流体流动促进了铀矿化。成矿过程中，地形和伸展构造变形主要负责浅部氧化性流体的下渗，深部热源主导深部热对流，先存构造活化通过发育扩容区汇聚各种来源的流体促进铀沉淀从而影响铀矿体空间分布。

（4）基于随机森林优化模型对诸广山地区九峰、茶山和红山岩体进行含矿潜力预测，划定红山岩体为一级含矿潜力区，茶山岩体为二级含矿潜力区，九峰岩体含矿概率较低，为下一步矿产工作部署提供建议。

本书由李增华、谭双确定编写提纲，由东华理工大学和中核南方地勘中心两个单位的研究人员集体分工完成，全书共分 7 章，其中第 1 章由李增华、谭双、刘传东、邹永强、孔令涛执笔；第 2 章由谭双、邓腾、杨立飞、许德如执笔；第 3 章由李增华、邓腾、杨立飞执笔；第 4 章由李增华、邹永强执笔；第 5 章由李增华、刘传东执笔；第 6 章由李增华、邹永强执笔；第 7 章由黄鑫怀、孔令涛、邹少浩执笔。全书由李增华统稿和定稿。对研究生王立立、万弘、赵丽、姜慧玟、李洋、江勇、徐亦聪在本书成稿中提供的帮助，表示感谢。

　　本书旨在为矿床学理论研究、矿产资源勘查和相关产业从业者提供有价值的参考资料,助力我国成矿理论与矿产资源勘查技术的持续创新与长足发展。祈盼本著作能引发学术界对铀矿成矿预测研究领域更广泛的学术关注与更深入的科学探索,为推动该领域理论突破与实践应用,维护国家矿产资源安全提供助力。由于作者掌握资料有限,书中难免存在不足之处,敬请广大读者批评指正。

作　者

2025 年 5 月

目　　录

第1章 绪 论

1.1 研究背景及意义

铀是国民经济建设和军工发展的战略资源矿产，也是实现碳达峰、碳中和目标的重要发展资源（张金带等，2019）。依靠核能发电实现"双碳"目标，铀矿资源需求量高达 18800 t（陈军强等，2021）。然而，由于我国国内铀矿资源储量（已探明储量）小（蔡煜琦等，2015；Xu et al.，2021），现阶段掌握海外铀矿权数量少以及相应产能差，以及当前国内铀矿资源和国外所持有铀资源的开采速度逐渐不能满足未来社会发展对铀矿资源的需求（张金带等，2019；陈军强等，2021），因此进一步完善热液型铀矿成矿理论和强化铀矿资源勘探技术，将成为扩充国内铀矿资源储量，提升海外铀矿资源开采能力的首要目标。

花岗岩型铀矿床是典型的热液铀矿床，也是我国最重要的铀矿床类型之一，该类型铀矿资源约占我国已查明铀矿资源总量的20%，且集中分布在我国华南中生代印支期和燕山期花岗岩中，矿床以中小型（300～3000 t U）和中低品位（0.05%～0.2% U）为主（张龙等，2021）。花岗岩型铀矿床作为一种金属热液矿床，它的形成必定经历"源、运、储"三个过程，即源区成矿物质溶解和萃取、含矿流体运移，以及在合适的场所沉淀富集成矿的复杂地质过程，而这些过程都与流体的活动有着密切的联系（於崇文，1994；翟裕生，1999，2003；Cox，2005；Cuney，2014）。流体的活动取决于流体流动驱动力，一个金属矿床的形成往往需要稳定的驱动力来驱动大量的成矿流体流经矿化点，驱动力持续存在的时间也会影响成矿规模的大小（Chi and Xue，2011）。重力、变形和热已被认为是热液矿床形成过程中的三种重要的负责驱动成矿流体流动的驱动力，它们或单独作用或耦合作用于流体流动，这取决于当时的地质环境（Chi and Xue，2011；Chi et al.，2022）。此外，对于许多热液矿床来说，构造在成矿流体的运移与汇聚过程中扮演着重要的角色（Sibson，2001；Micklethwaite and Cox，2004；Hayward and Cox，2017；Chi et al.，2022）。先存断裂作为构造框架中最薄弱的部位，在新的构造事件中，它们通常会被重新活化（Holdsworth et al.，1997；Sibson，2001；Li et al.，2018）。构造活化会使断层或其周围岩石变形，导致扩容区发育，它们为流体运移提供了有利通道同时也是流体汇聚的场所（Holdsworth et al.，1997；Sibson，2001；Cox，2005；Gessner，2009；Zhang et al.，2011；Li et al.，2018；Igonin et al.，2021）。因此，扩容区与矿化的空间定位之间存在密切联系（Oliver et al.，1999；Zhang et al.，2008，2011；Li et al.，2017，2018；Eldursi et al.，2021；Chi et al.，2022）。

过去的几十年里，众多学者对华南花岗岩型铀矿床进行了大量的研究，且多采用传统实验室和野外结合的定性或非连续性定量的研究方法，主要注重于岩石矿物特征、矿物组成、控矿构造、流体包裹体、围岩蚀变、地球化学特征、同位素年龄等方面（Hu et al.，2008；Gessner，2009；杜乐天，2011；Chi and Zhou，2012；Zhao et al.，2016；Zhang et al.，2017，2018，2019a，2019b；Bonnetti et al.，2018；Chi et al.，2020；

Zhong et al., 2023a, 2023b），针对我国华南花岗岩型铀矿成矿机制方面的研究结果证明，该类矿床的成矿过程主要包括铀的预富集、萃取、迁移、氧化还原、沉淀成矿等环节，并提出了相应的成矿模式，如"表生汲取成矿模式"（周维勋，1979）、"地幔流体成矿理论"（杜乐天，1996）、"热点铀成矿理论"（李子颖，2006）及"深源矿化剂成矿理论"（胡瑞忠等，2007）。这些研究加深了对该类型矿床成因的理解，但是对于参与了白垩纪—古近纪华南大规模花岗岩型铀矿化的流体时空动态运移过程的研究并不多，对于不同地质过程中流体运移的情况，以及它是如何主导铀元素的迁移和沉淀的机制尚不清晰，不同地质过程的相互作用对流体运移的影响也不明确，对于矿田内赋矿花岗岩中大量发育的构造是如何控制矿体的空间定位的也缺乏清晰的认识。因此，研究成矿流体在各种地质环境中的运移过程和构造变形过程中扩容区的发育过程将进一步地帮助我们深入理解矿床形成和空间定位的机制、完善成矿理论、建立成矿模式，并为深部找矿提供一定的理论依据。

自 2000 年以来，我国各行各业都在快速发展，特别是地质矿产领域，积累了海量的地质数据和资料（黄少芳和刘晓鸿，2016）。随着社会的快速发展，人工智能、机器学习等技术在各个方面都表现出了很大的发展前景，因此，将机器学习、大数据挖掘等技术运用到矿产资源预测中是目前的一个重要方向之一（吕岩，2021）。随着人工智能与矿产勘探的结合，地学研究将进入一个新的阶段，有望改变地球科学传统的研究形式，为地球科学的基础研究和应用研究带来新的发展机遇和挑战（张旗和周永章，2018）。机器学习对于解决海量地球化学数据，发现规律具有重要的作用（周永章等，2018）。机器学习与矿产勘探的有效结合能极大地提高地质勘探工作的效率和质量，降低成本和风险，减少地质工作人员复杂的脑力工作和繁杂的体力劳动，提高深部矿产的开发水平，扩大矿产勘探开发的深度和广度，有利于维护和保障国家的经济稳定增长和矿产能源的安全。因此，通过对前人积累的海量地球化学数据进行深度的挖掘，利用机器学习方法进行成矿潜力评价，为矿产勘查提供了新方向（周永章等，2017，2018；郝慧珍等，2021；左仁广等，2021b；周永章和张旗，2017）。

1.2 成矿过程数值模拟技术研究现状

随着计算机科学技术的发展，数值模拟方法理论和技术从早期的单场单维度的模拟发展到现在的二维/三维可自定义的多场耦合模拟，已逐渐趋于完善。相应的地质模拟软件也如雨后春笋般应运而生，例如FLAC2D/3D、FEFLOW、MODFLOW、Basin2、TOUGH2 等（黄沁怡等，2021；陈伟林和肖凡，2022）。时至今日，该方法已在不同尺度的构造变形、流体运移、热量传递等多个地质过程模拟中得到广泛应用，并取得了丰硕成果。

在成矿动力学的数值模拟研究中，根据需要解决的科学问题的不同，所采用的模拟方法也有所差异，主要可分为热-流体耦合模拟、构造-流体耦合模拟、构造-热-流体耦合模拟等。热-流体耦合模拟多用于与地形或热浮力驱动的流体流动相关的成矿体系研究。例如，Garven 和 Freeze（1984）以密西西比河谷型碳酸盐岩铅锌矿床为基础，建立了流体流动-热耦合数学模型并对盆地内重力驱动下的地下水流体系统进行模拟，结果表明重力驱动的地下水流动系统能够维持盆地边缘附近地下水排泄区的有利流体流速和温度，证明重力驱动下的地下水流体系统对层控矿床的形成有重要意义。Bethke（1985）对沉积盆地演化过程中的压实驱动的地下水流动和传热进行了二维模拟，模拟结果表明沉积盆地的演化基本没有受到流体超压的影响，浅层沉积物中的流体倾向于向地表流动而深部流体则横向流动，系统内的流体流速整体较小而难以对地温梯度产生影响。该结果重新评估了克拉通沉积盆地内压实驱动流在次生石油运移、盆地卤水渗透浓缩以及密西西比河谷型矿床形成过程中的作用。Chi 等（2013）模拟了加拿大阿萨巴斯卡（Athabasca）盆地演化过程中的流体压力变化，模拟结果揭示盆地在整个沉积过程中没有产生显著的流体超压，这种近静水压力状态的发展可能促进了浅部盆地氧化流体向基底的渗透，有利于不整合型铀矿床的形成。Cui 等（2010）对加拿大努纳武特塞隆（Thelon）盆地不整合型铀矿床形成过程中的流体流动和热传递进行了耦合模拟，结果表明在 25℃/km 至 35℃/km 的地温梯度下砂岩中发育的自由热对流，很可能是一种高效的铀输送机制，促进了该地区不整合面型铀矿床的形成。Eldursi 等（2009）针对岩浆侵入体周围的流体循环进行了数值模拟，结果表明侵位深度控制了有效热对流的范围，侵入体的顶端通过汇聚对流流体改变了流体流动模式，主要的流体对流阶段很可能发生在岩浆结晶之前而非冷却阶段，拆离断层能够抑制或改变同时代岩体侵入引起的经典流体流动模式，该结果对受侵入体周围断裂蚀变晕控制的矿床有重要意义。采用热流耦合数值模拟对云南个旧超大型锡多金属矿田的成矿过程进行了研究，结果表明温度梯度是驱动孔隙流体流动的主要因素，断层、水平地层或断层与围岩的相交处是成矿流体有利的汇聚区，从而验证了典型岩浆热液矿床的主要控矿因素。

构造-流体耦合模拟主要用于与构造变形驱动的流体流动相关的成

矿体系中，可以探讨成矿空间和矿体定位等问题。例如，Zhang 等（2007）对湖南水口山铅锌金银多金属矿床在燕山期（180~90 Ma）挤压过程中变形与流体的相互作用开展了区域尺度和矿床尺度上的数值模拟，区域尺度的模拟结果表明褶皱核/枢纽在挤压变形过程中通过流体汇聚作用控制了流体流动模拟，矿床尺度的模拟结果展示了在褶皱和断层交叉位置和岩性分界位置的拉伸破坏、渗透率增强、流体汇聚和混合，以及裂隙带发育的现象，该模拟研究预测了角砾岩带为下一步的有利找矿部位。Wilson 和 Leader（2014）针对拉克伦（Lachlan）造山带地壳规模断层的几何形状如何在变形中影响应变分布和流体流动模式，从而控制与金矿化相关的结构定位问题进行了一系列的三维数值模拟，结果解释了由从东向挤压到北向挤压的转换组成的晚期构造史是如何与晚期断层运动相关联并促成金矿床形成的。Li 等（2017）对加拿大阿萨巴斯卡盆地中的世界级不整合面型铀矿床中基底断层在挤压应力下的活化进行了模拟，结果表明体积压缩程度较低时流体从基底断层流向盆地，而当体积压缩程度较高时，流体倾向通过断层流向基底，该结果证明了在同一挤压应力状态下，赋存于不整合面附近的铀矿体和赋存于基底的铀矿体可以在不同的变形阶段形成。Li 等（2018）为了研究中阿萨巴斯卡盆地中 Sue 矿床的矿体空间定位问题，对其进行了二维和三维的数值模拟，结果表明基底岩石岩性和变形程度影响了断层活化导致了在不同位置发育膨胀区，从而控制了矿体的产出位置。Liu 等（2021）采用有限元数值模拟再现了白云金矿形成过程中的变形-流体流动过程，结果显示大理岩和片岩之间的力学性质的差异是导致它们的岩性界面在挤压变形应力集中的主要因素，而应力局部化又导致了流体汇聚，从而控制了金矿体空间分布。

　　构造-热-流体耦合模拟主要用于研究在成矿背景下的不同因素之间的相互影响，以及对成矿的作用并探讨相应的成矿机制。例如 Li 等（2021b）以加拿大阿萨巴斯卡盆地和澳大利亚麦克阿瑟（McArthur）盆地中形成的大型高品位不整合面型铀矿床为研究对象，模拟了盆地内构造变形驱动的流体流动和热对流之间的相互作用，结果表明在较低的地质应变率下，基底中变形驱动的流体流动和盆地中的热对流可以共存，较高的地质应变率则会瞬间破坏盆地内原先建立的自然热对流，但随着变形的进展和流体超压的衰减，热对流又会重新建立，正是这种相互作用导致了大型高品位不整合面型铀矿床的形成。Eldursi 等（2021）采用二维和三维的数值模拟评估了阿萨巴斯卡盆地 Cigar Lake 铀矿床中基底岩性、基底高度、局限于基底的基底断层和延伸到砂岩中的基底断层四种因素对构造变形和热两种驱动力下的流体流动模式的影响，结果表明两类基底断层对流体流动的影响最为明显，局限于基底的基底断层拥有最复杂的流体流动模式，可能为矿化提供了有利的物理条件，而延伸到砂岩中的基底断层显著加强了其上方的上升流，促进了铀矿化，该结果认为主要的铀矿化很可能是在构造平静期的流体对流中发生的。Liu 等（2010，2012，2014，2016）为了研究安庆铜矿区和大王顶金矿区中岩浆侵入体对矿体形成的影响，建立了一系列的三维几何实体模型，并对其进行了流体-构造-热耦合模拟，结果表明，在侵入体同伸展冷却过程中，变形、热和流体的耦合过程使侵入体周围发育了高膨胀带，并将不同来源的流体汇聚在这里，从而控制了矿体的形成，该模拟结果也为下一步的找矿工作提供了依据。Lin 等（2023）运用数值模拟方法探究了华南铲子坪铀矿床流体流动驱动机制，且在模拟中定义了与真实应变相关的孔隙度和渗透率的数值方程，模拟结果表明仅在地温梯度和挤压应力下的流体流动模式不利于铲子坪铀矿床的形成，伸展变形和地温梯度产生的热浮力共同作用才是控制该矿床形成有效的流体流动驱动机制。

经过几十年的发展和积累，数值模拟展示了它在成矿过程的研究中的可靠性和有效性。我们可以通过该方法直观地观察到不同尺度上成矿过程的演化，帮助我们定性或定量地分析成矿过程中的各种因素发挥了何种作用，或者验证先前提出的成矿模式是否正确，从而为后续的找矿勘查工作提供有利目标和理论指导。

1.3　基于机器学习的成矿潜力评价现状

成矿预测是基于多种地球科学数据集（物探、化探、遥感）的证据特征的全面分析与综合研究区内的地质特点和已发现矿床的特征表现，采用类比的成矿理论为基础，根据对比成矿地质环境、成矿条件和找矿标志等对未知区域做出推断解释和评价。早期的成矿预测主要是根据一些成矿理论等来开展定性的成矿预测，存在一定的局限性，随着矿产资源的不断开采、利用，这种传统方法的缺陷愈加明显。探索新的矿产勘查方法，以此最大限度地挖掘出微弱的找矿信息、建立准确的潜力评价模型，将为后期矿产勘查工作的突破做出巨大贡献。

近年来，机器学习和人工智能的出现为矿产勘查和地质找矿潜力区圈定提供了新的研究思维和研究方法（张振杰等，2021），机器学习算法在矿产资源评价中的应用得到了格外的重视。在地球科学领域中，前人近百年的研究积累了各种各样不同类型的结构化或非结构化数据，而随着地学数据与方法模型爆炸式的增长，传统地质数据和机器学习以及大数据方法的交叉研究在地球科学中的应用变得十分广泛,许多领域取得了重大进展(Xiong and Zuo,2020),主要涉及地质填图、地球化学元素异常提取、地球物理异常分类、岩层划分以及综合矿产信息预测等方面的应用。

地球化学数据与机器学习有效结合能更高效地挖掘地球化学元素与已知矿床之间的特殊关系,从而建立综合预测研究模型,在复杂的地质环境中挖掘预测含矿有利区。众多研究表明,由于地质条件的复杂性,地质数据的非线性特征较强,机器学习算法能更好地刻画矿化点和证据要素间的复杂非线性关系,比统计方法的适用性更强。如阴江宁和肖克炎(2012)在新疆东天山地区应用 Hopfield 模型对铜镍硫化物矿床进行综合矿产远景评价,根据分类结果在东天山地区划定两个重点铜镍矿勘查区,进行矿产资源预测。陈进等(2020)利用随机森林算法对大尹格庄金矿床建立预测模型,对圈定靶区进行预测,证实了该方法的有效性。刘艳鹏等(2018)以安徽省兆吉口铅锌矿床为研究区,运用卷积神经网络分析方法,建立并训练模型进行矿产预测,圈定大概率存在未发现矿体的区域,为以后找矿工作者提供指导性意义。Xiong(2020)运用半监督的随机森林算法,以闽西南铁矿为成矿预测研究区,利用无标签数据和有标签数据的有效结合作为训练集,极大地提高了成矿预测模型的预测精确率和模型的泛化能力,有效地圈定了研究区的成矿潜力靶区。Zhang 等(2016)结合利用模糊证据权和随机森林方法,对闽西南马坑式铁矿研究区的成矿潜力进行了预测评价,还进一步根据两种不同机器学习方法的表现对构建预测模型中所使用的各特征要素进行了重要性评估,间接地从侧面证明了根据成矿模型和机器学习模型对成矿区预测的准确性,为该类型矿床的历史争议问题提供了科学依据。Rodriguez-

Galiano 等（2015）应用四种有监督的机器学习算法，对西班牙地区 Rodalauilar 浅成热液型金矿进行矿产预测研究，并指出随机森林模型相对于其他三种机器学习算法不仅具有更高的稳定性和稳健性，并且预测准确率也高于其他算法。

机器学习算法在矿产预测方面的应用越来越多，它们的主要优势是擅长从数据中学习并捕捉复杂的非线性模式和隐藏的关系，而且不用依赖于任何对数据的分布假设（武国朋，2020）。尽管众多学者在机器学习矿产预测方面开展了大量的研究，也取得了众多成果，但由于地学的复杂性以及众多不确定性，使得机器学习在地学方面仍然面临巨大的挑战，机器学习模型的参数选择与优化其中的可解释性都是当前亟待解决的问题（Hu et al.，2023；Martin et al.，2022）。因此，只有尝试将机器学习的各种算法应用于矿产预测，全面分析、比较各种机器学习模型的性能，挑选最佳的模型才能提高矿产预测的效率。

第2章 华南花岗岩型铀矿研究现状

2.1 构 造 背 景

华南板块是在新元古代江南造山运动期间，由扬子板块和华夏板块沿江山-绍兴断裂带拼合而成的（Charvet et al.，1996）。随后，华南板块又经历了一系列的构造演化，包括加里东造山运动、印支造山运动和燕山造山运动等，并伴随着规模不等的岩浆活动（Li et al.，2021a）。加里东运动是由华夏板块与扬子板块的碰撞作用引起的陆内造山运动，该事件造成了华南大范围内志留纪地层的缺失和大量 NE 向褶皱、逆冲断层以及花岗岩侵入体的发育（年龄集中在 480~430 Ma，主要分布在武夷山和赣南地区）（Charvet et al.，2010；Hu et al.，2017；Chi et al.，2020）。印支造山运动是由古太平洋板块的俯冲作用和华南陆块与印支陆块的碰撞所引起的大规模造山运动，形成了华南如今的构造格局（Li and Li，2007；Faure et al.，2014）。它的主要特征是晚三叠世地层与各种老地层之间的区域不整合、泥盆纪与中三叠世地层中发育的大量褶皱和逆冲断层，以及大规模的花岗岩的侵位（年龄集中在 255~200 Ma，主要分布在华夏板块和扬子板块东部）（Qiu et al. 2014；Hu et al.，2017；Chi et al.，2020）。燕山造山运动发生于晚侏罗世到白垩纪，对华南板块进行了强烈的改造（Zhu et al.，2012；Chi et al.，2020）。燕山造山运动被认为是古太平洋板块向东亚边缘俯冲的结果，以岩石圈减薄、地幔上升流、裂谷作用和板内岩浆作用为主（Wong，1927；Li and Li，2007；Mao et al.，2014）。该事件导致了大量 NE 向逆冲断层、褶皱构造和伸展构造的发育并对先存构造进行了强烈的改造，同时也发育了大规模的 I，S 和 A 型花岗岩侵入体，这些花岗岩主要形成于侏罗纪—白垩纪（年龄集中在 160～150 Ma、120～85 Ma，Mao et al.，2013；Wang et al.，2013；Hu et al.，2017），形成了横跨华夏板块和东南扬子板块的燕山期巨型花岗岩省（Zhou et al.，2006；Li and Li，2007；Hu and Zhou. 2012）。此外，构造应力场从挤压到伸展的转变（Faure et al.，1996；Shu et al.，1998；Lin et al.，2000；Wang et al.，2013；Chu et al.，2019），导致 NE-SW 向为主的先存断裂带的活化，形成大量以砂质红层沉积物为特征的断陷盆地（Li and Li，2007；Shu et al.，2009；Li et al.，2014）。自新生代以来，由于印度与欧亚大陆的碰撞和太平洋板块俯冲回撤作用，华南又经历了一系列伸展构造运动，断陷盆地进一步地发育以及中基性岩脉的大量侵入（Hu et al.，2008；Luo et al.，2015；骆金诚等，2019；Zhang et al.，2019a）。

2.2　矿体赋存特征

华南地区的花岗岩型铀矿床主要分布于华夏板块和江南造山带（图 2.1），以中低品位（0.05%~0.2% U）的中小型矿床为主（张龙等，2021），空间上与白垩—三叠纪红盆和基性岩脉相邻，明显受区域 NE 向深大断裂、控盆断裂带和断陷带等断裂构造的控制（图 2.1；2.2）（Hu et al.，2008；Dahlkamp，2009；Zhang et al.，2019a；Chi et al.，2020；张龙等，

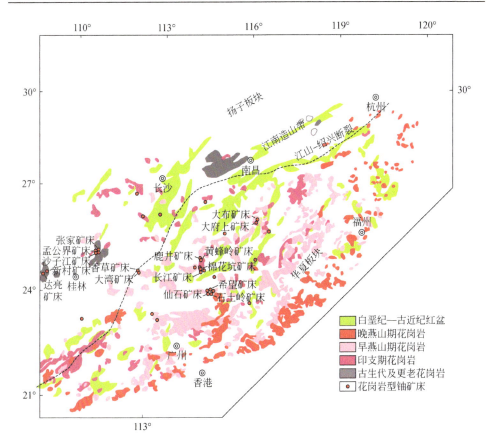

图 2.1　华南大部花岗岩和主要花岗岩型铀矿床分布图（据 Chi et al.，2020；
张龙等，2021 修改）

2021；陈柏林等，2022a）。铀矿体明显受到断裂破碎带和热液蚀变交代
的控制，主要产出于花岗岩体中陡倾的硅化断裂带内或破碎蚀变带内
（如棉花坑矿床、希望矿床、沙子江矿床、牛尾岭矿床等），也偶见红盆
或地层中的矿化（如鹿井矿床、香草坪铀矿床、黄子洞铀矿床等），矿
体产状受含矿断裂或中基性岩脉控制，形态多样，多呈脉状、透镜状、
板状、柱状、层状等（Dahlkamp，2009；夏宗强等，2016；林锦荣等，
2016；祁家明等，2019；Zhang et al.，2019a；孙岳等，2020；陈柏林等，
2022a；Zhong et al.，2023a，2023b）。

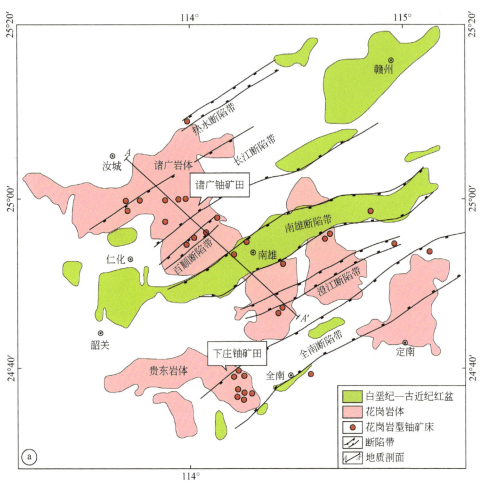

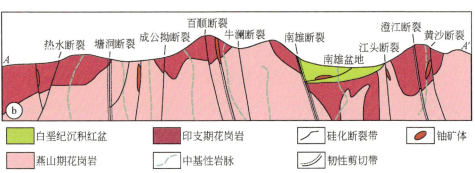

图 2.2　南岭中段粤北地区地质简图

a.粤北花岗岩、断陷带与铀矿床分布图（据 Chi et al., 2020; 祁家明等, 2022 修改）; b.粤北诸广-青嶂山岩体断裂控矿剖面图（据祁家明等, 2022 修改）

2.3　产铀岩体特征

南岭地区是我国花岗岩型铀矿床最重要的富集地，被大范围的中生代花岗岩覆盖，区内发育有摩天岭岩体、苗儿山岩体、金鸡岭岩体、贵东岩体、诸广山岩体、桃山岩体等多个著名的产铀花岗岩体，铀主要来源于岩体中的晶质铀矿（陈振宇等，2014；徐浩等，2018；范洪海等，2023）。这些复式岩体一般为印支期和燕山期的过铝质二云母或黑云母 S 型花岗杂岩，具有多期多阶段的特征（Dahlkamp，2009；陈振宇等，2014；张龙等，2021；Zhang et al.，2021a；Zhong et al.，2023a），孕育了我国最重要的诸广、桃山、下庄、鹿井、苗儿山等多个花岗岩型铀矿田（陈振宇等，2014；Luo et al.，2015；祁家明等，2022；范洪海等，2023）。

在南岭地区内，以南岭中段粤北地区的花岗岩型铀矿床最为富集，区内的产铀花岗岩体为贵东岩体和诸广岩体，分别发育了下庄、诸广两个铀资源储量可观的花岗岩型铀矿田（图 2.2），已探明总储量约 33600 t（NEA-OECD，2022）。贵东复式岩体位于南雄盆地南部，与若干个红层盆地相邻，主要由侏罗纪（189～151 Ma）和三叠纪（237～220 Ma）黑云母花岗岩、二云母花岗岩和白云母花岗岩组成，且被大量侏罗纪—白垩纪基性岩脉切割（Dahlkamp，2009；Luo et al.，2015；Wang et al.，2015；Bonnetti et al.，2018）。贵东复式岩体内的基性岩脉主要为辉绿岩脉，走向 NW，倾向 NE（Wang et al.，2015；徐浩等，2018；骆金诚等，2019）。下庄矿田位于贵东岩体东部，区内铀矿床多数产于 NEE-SWW 和 NE-SE 向硅化断裂带附近，与白垩纪红盆和基性岩脉相邻（Dahlkamp，

2009；Luo et al.，2015；Wang et al.，2015；Bonnetti et al.，2018；骆金诚等，2019）。诸广复式岩体与南雄盆地和若干个红层盆地相邻，主要由志留纪（435～420 Ma）、侏罗纪（170～159 Ma）、三叠纪（239～226 Ma）黑云母花岗岩和二云母花岗岩组成，被多条白垩纪铁镁质基性岩脉切割（Bonnetti et al.，2018；Chi et al.，2020；Zhang et al.，2021a；Yu et al.，2023）。诸广矿田位于诸广复式岩体的东南部，区内铀矿床主要受 NE-SWW、NE-SW 和近 N-S 向的区域断裂的控制（Dahlkamp，2009；Zhang et al.，2017；陈柏林等，2022a，2022b）。

2.4　矿物组合和围岩蚀变特征

花岗岩和红盆或地层内的铀矿化具有相似的矿物组合，主要包含沥青铀矿、石英、萤石、方解石、黄铁矿、赤铁矿、绢云母和绿泥石，其中沥青铀矿是主要的铀矿石矿物（夏宗强等，2016；Bonnetti et al.，2018；Chi et al.，2020；张龙等，2021）。围岩蚀变普遍发育，多见硅化、萤石化、碳酸盐化、钾长石化、钠长石化、赤铁矿化、黄铁矿化、绢云母化、绿泥石化，其中硅化、赤铁矿化、绿泥石化、黄铁矿化和紫黑色萤石化与富铀矿化关系密切相关（Bonnetti et al.，2018；Zhang et al.，2019a；Chi et al.，2020；Zhong et al.，2023a）。

2.5　成矿流体特征

大量针对华南花岗岩型铀矿床成矿前期、成矿期和成矿后期的流体包裹体研究表明，流体包裹体均一温度集中在 100～300℃（Zhang et al.，

2017；徐浩等，2018；Chi et al.，2020），在少量铀矿床中存在早期的中高温矿化（300～400℃，主要集中在下庄矿田，如石土岭、白水寨和竹山下铀矿床；Bonnetti et al.，2018，2023），不同阶段的流体盐度没有显著差异，盐度（根据流体包裹体的融冰温度计算）一般小于 10% NaCl eqv（Chi et al.，2020）。流体包裹体中主要的气体成分为 CO_2、CH_4、CO 和 H_2，以 CO_2 含量最高，离子以 Na^+、Ca^{2+}、Mg^{2+}、HCO_3^-、F^-、S^{2-} 为主（张龙等，2021；祁家明等，2019；Chi et al.，2020）。此外，在许多矿床中都发现了流体沸腾和不混溶的现象（Hu et al.，2008；Zhang et al.，2017，2019a；Zhong et al.，2023a）。

目前对于华南花岗岩型铀矿床成矿流体来源和演化过程的认识仍存在较大争论：①大气降水说：成矿流体主要来源于高氧逸度的大气降水，与幔源 ΣCO_2 矿化剂混合后在赋矿围岩的断裂系统内运移并从赋矿岩体中萃取出铀，在构造有利部位形成铀矿床（凌洪飞，2011；Luo et al.，2015；Liu et al.，2018；Bonnetti et al.，2018）。②混合流体说：成矿流体由多种来源的流体混合而成，包括大气降水、岩浆水、深源流体、盆地流体等（金景福等，1992；徐争启等，2019；吴德海等，2019），成矿物质来源于流体经过的富铀地质体。例如，Zhang 等（2019a）认为诸广山矿田铀矿床成矿流体为大气降水与南雄盆地内物质发生水岩反应后形成的盆地流体。③幔源流体说：基于热液矿物流体包裹体和 C、H、O、He、Ar 同位素研究认为，成矿流体和 ΣCO_2 矿化剂来源于地幔，成矿物质来源于赋矿围岩，幔源流体的活动提供了热源，促进浅部成矿作用的发生（邓平等，2003a；李子颖，2006；王正其和李子颖，2007）。

温度、pH、氧逸度等因素对成矿元素在热液中的迁移沉淀有着重要的影响，但 Cuney 和 Kyser（2015）发现铀在 25～300 ℃的氧化性流体中以络合物的形式存在且溶解度较高，pH 仅影响络合物的类型而不会影响铀的溶解度，流体氧逸度控制铀的迁移沉淀。自然界中 U 有 U^{4+} 和 U^{6+} 两种价态，以 U^{6+} 形式形成铀酰络合物如 $UO_2(CO_3)_2^{2-}$、$UO_2(CO_3)_3^{4-}$、$UO_2F_4^{2-}$ 和 $UO_2SO_4^{2-}$ 等在热液中迁移，而后以 U^{4+} 形式沉淀形成铀矿物或含铀副矿物（Romberger，1984；Cuney，2009），因此花岗岩中含铀副矿物中的 U 被萃取迁移需要流体具有较高的氧逸度。向阳坪铀矿床黄铁矿 Ni/Se 特征表明成矿前流体有较高的氧逸度，至主成矿期成矿流体的氧逸度逐渐降低，早期的高氧逸度流体可能来源于大气降水（凌洪飞，2011）。

有关热液矿床成矿流体中碳的来源目前已取得较多的共识，主要有 3 种可能来源：岩浆或地幔来源（$\delta^{13}C_{PDB}$ 值为-9‰～-3‰）、沉积碳酸盐来源（$\delta^{13}C_{PDB}$ 值为-3‰～3‰）和有机碳来源（$\delta^{13}C_{PDB}$ 值为-30‰～-20‰）。从方解石样品碳氧同位素组成分析结果可知，向阳坪矿床方解石 $\delta^{13}C_{PDB}$ 值处于-10‰～-7.6‰，均值为-8.5‰，不同期次的流体均明显表现为岩浆或地幔来源。成矿期方解石具有更低 $\delta^{13}C_{PDB}$ 值，处于 -10‰～-8.7‰，均值为-9.3‰，与邻区沙子江矿床成矿期方解石 $\delta^{13}C_{PDB}$ 值（-9‰～-5‰）较一致，指示成矿流体以岩浆或地幔来源为主导。

苗儿山中段铀矿床成矿年龄主要在 104～53 Ma，普遍存在较大的矿岩时差（100 Ma 以上），远超过岩浆活动冷却周期，基本可以排除岩浆来源碳的可能，可据此推测成矿流体可能具深部来源混合的特征，岩石圈伸展导致地幔去气作用，从而使得地幔来源 CO_2 加入成矿流体。

2.6　成 矿 时 代

华南地区的含铀花岗岩大部分是在侏罗纪（180～142 Ma）和三叠纪（251～205 Ma）侵位的（Zhao et al.，2016；Zhang et al.，2018，2021b；Chi et al.，2020），而华南花岗岩型铀矿床的全岩 U-Pb、SIMS U-Pb、LA-ICP-MS U-Pb 和 EMPA U-Th-Pb 铀成矿年龄主要集中在 110～50 Ma，具有多期多阶段特征（Chi et al.，2020）。尽管下庄矿田的部分铀矿床（如石土岭、竹山下和白水寨等矿床）报道了 175～145 Ma 的成矿年龄（Bonnetti et al.，2018，2023），但可以看出华南大部分花岗岩型铀矿化年龄明显晚于产铀花岗岩成岩年龄（岩矿时差＞40 Ma）。此外，华南在中生代共经历了 6 次岩石圈伸展事件（145～135 Ma、125～115 Ma、110～100 Ma、95～85 Ma、75～70 Ma 和 55～45 Ma；胡瑞忠等，2007；Hu et al.，2008），其特征是发育了大量的基性岩脉（148～46 Ma；Hu et al.，2008；陈振宇等，2014）和白垩纪—三叠纪断陷红盆（101～23 Ma；Chi et al.，2020），这正与大部分报道的铀成矿年龄吻合。

第 3 章　华南典型花岗岩型铀矿田地质特征

3.1　苗儿山铀矿田

3.1.1　区域地质背景

苗儿山地区属于扬子板块的东南缘的一部分，位于江南造山带南缘的湘桂海西–印支凹陷区。在地理位置上，苗儿山地区从广西壮族自治区北部延伸到湖南省南部，大致在东经 110°15′～110°45′，北纬 25°50′～26°30′范围内。区域地质历史上主要经历了前泥盆纪裂谷海槽演化、泥盆纪—三叠纪中期大陆形成、晚三叠世—新生代陆源活动等阶段（王正庆，2018）。苗儿山地区遭受了加里东期、印支期、燕山期等多期次的构造运动，不仅使得区内先存构造不断被改造并发育新构造，同时也伴随着多期次的岩浆侵入，为该区的矿化提供了有利条件。按照前人对中国铀资源成矿省和成矿带的划分，该地区位于扬子陆块东南部铀成矿省与华南活动带铀成矿省的过渡部位，属于雪峰山-九万大山铀成矿带（黄净白和黄世杰，2005；Zhang et al.，2019a；李小英，2022）。苗儿山铀矿田是南岭地区最重要的产铀区之一，除了产出多个花岗岩型铀矿床外，也发育了中国规模最大的碳硅泥岩型铀矿床——铲子坪矿床。

3.1.2　成矿地质特征

1. 矿体特征和矿石特征

苗儿山铀矿田内,在豆乍山岩体与香草坪岩体的接触带且倾向于豆乍山岩体的附近,分布着众多铀矿床,如沙子江、向阳坪、孟公界、双滑江、白毛冲、张家等铀矿床,其中沙子江矿床为大型铀矿床(图 3.1),其余为中型铀矿床,这些铀矿床均受断裂带控制,矿体产状与含矿断裂基本一致。

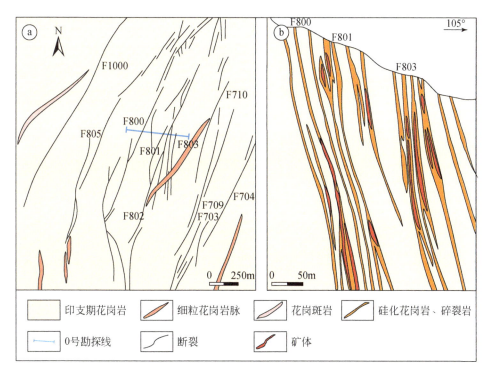

图 3.1　沙子江矿床地质简图(a)及 0 号勘探线地质剖面示意图(b)(据王正庆,

2018 修改)

双滑江矿床产于香草坪断裂、天金断裂的南延部分和 F2 断裂的相交复合部位（图 3.2a）（陈璋如和刘耀宝，1989；方适宜等，2009；陈宗良，2012），矿体主要赋存在硅化碎裂花岗岩中，以中小型矿体为主，矿体形态多呈脉状或透镜状，产状与含矿断裂一致，一般倾向为 NWW，倾角约 65°（图 3.2b）。矿体赋存标高集中在 140～780 m，最大埋深 400 m，多数为隐伏矿体。双滑江矿床为单铀矿床，矿石主要由次生铀矿物组成，包含硅钙铀矿、磷钙铀矿、钙铀云母和准铝云母等（陈璋如和刘耀宝，1989；陈宗良，2012）。

沙子江矿床中揭露的矿体主要发育在 F800 断裂带内的两两断裂的夹持区（如 F800 与 F805、F800 与 F802 等）（图 3.1a）（李妩巍等，2011c），矿体主要赋存于规模较大硅化断裂带内（李妩巍等，2011c；陈宗良，2012；王正庆，2018），以中小型矿体为主，多呈扁豆状、透镜状或脉状，产状与含矿断裂基本一致，倾向 NEE 或 SEE，倾角约 70°～80°（图 3.1b）。矿体在空间上成群出现，垂向上断续分布，赋矿标高为 1000～1600 m，最大埋深 475 m，仅少数小矿体在地表出露。矿石类型主要为赤铁矿化-硅化和黄铁矿化-硅化型碎裂花岗岩矿石，以前者分布最广，矿物组合形式有沥青铀矿-赤铁矿、沥青铀矿-黄铁矿及沥青铀矿-玉髓，以前两者最重要（李妩巍等，2010）。

孟公界矿床产于豆乍山岩体北部外接触带的香草坪岩体中，受NNW 向断裂带控制（图 3.3a）（方适宜等，2007；黄宏业等，2012；王正庆，2018），矿体主要赋存在花岗岩碎裂岩带中，多呈不规则透镜状和脉状，产状与控矿断裂造基本一致，倾向 E，倾角 60°～88°（图 3.3b）。主要铀矿物为沥青铀矿、铀黑、硅钙铀矿、钙铀云母及铜铀云母等，矿物组合形式主要为铀-微晶石英（玉髓）型、铀-赤铁矿型和铀-黄铁

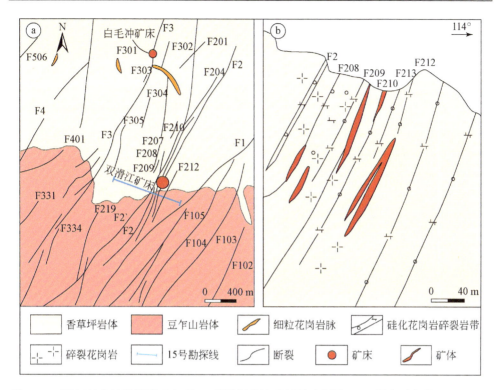

图 3.2　双滑江矿床地质简图（a）及 15 号勘探线地质剖面示意图（b）（据方适宜等，2009；王正庆，2018 修改）

图中 F2、F3 分别为天金断裂和香草坪断裂的南延部分

矿型（黄宏业等，2012）。

白毛冲矿床主要受香草坪断裂和 F300 断裂带控制（李妩巍，2016）。

向阳坪矿床主要受 F700、F800、F900、F1000 断裂带控制（李妩巍等，2011a；吴昆明等，2016），处于豆乍山岩体与香草坪岩体接触带附近，矿体多赋存在破碎花岗岩裂隙及裂隙附近，主要呈脉状、扁平透镜体状或小透镜体状产出，产状与含矿断裂基本一致，倾角较大，多呈陡倾斜状。赋矿标高 885～1418 m，最大埋深 510 m。向阳坪矿床典型矿石包括赤铁矿化型、黄铁矿化型和绿泥石化碎裂岩型，矿石多呈红色或杂色。含矿细脉穿插于碎裂花岗岩中，局部形成不规则网脉状构造，

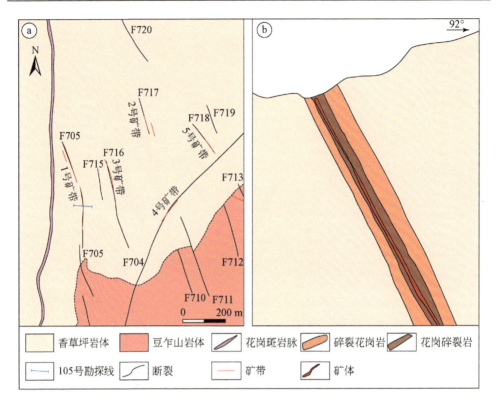

图 3.3　孟公界矿床地质简图（a）及 1 号矿带（105 号勘探线）地质剖面示意图（b）（据王正庆，2018 修改）

脉宽约 0.5～1.5 cm，脉体由沥青铀矿、黄铁矿、赤铁矿、石英等组成。矿石矿物沥青铀矿主要为团块状、细脉状，肉眼观察下多呈黑色，具沥青光泽，根据矿物共生组合关系，可将铀矿划分为两种类型，铀矿物-黄铁矿型和铀矿物-绿泥石型。光学显微镜反射光下可见沥青铀矿呈不规则团块状、星点状、细脉状，与黄铁矿、绿泥石、蚀变长石等矿物密切共生。

从产状上可区分为脉状沥青铀矿，环状、葡萄状、颗粒状沥青铀矿，环边状沥青铀矿，不规则状沥青铀矿等四类。脉状沥青铀矿多为脉状，粒径变化范围较大，从几十至几百微米不等，常与黄铁矿紧密共生，细脉状沥青铀矿发育明显的生长环带，矿物中心热液蚀变作用较弱，部分沥青铀矿边缘呈皮壳状结构产出。环状、葡萄状、颗粒状沥青铀矿常与黄铁矿、绿泥石共生，呈包裹团块状（粒径小者为颗粒状），发育明显的生长环带，由核部往边部表现出一定程度的成分差异。沥青铀矿常包裹有方铅矿或黄铁矿颗粒，部分沥青铀矿因脱水收缩，发育干裂纹。不同时代沥青铀矿先后沉淀形成的环带围绕同一个中心叠布，呈同心环带结构，并交代黄铁矿。环边状沥青铀矿，镶边结构，其特点是沥青铀矿环绕黄铁矿等其他脉石矿物生长，或沉淀于黄铁矿的表面，从而形成环边，此类矿物粒径一般较小，少数沥青铀矿胶结了周围的黄铁矿、微晶石英和绿泥石。不规则状沥青铀矿晶形较差，粒径大小不一，约为15～40 μm，多为不规则，常与绿泥石和黄铁矿紧密共生，或分布于绿泥石、钾长石等脉石矿物中或裂隙间。

2. 围岩蚀变

苗儿山铀矿田内与铀矿化有关的热液蚀变发育，主要包括钠长石化、钾长石化、白云母化、绿泥石化、硅化、方解石化、赤铁矿化、水云母化、黄铁矿化、萤石化等（王正庆，2018；Yu et al.，2020；陈琪等，2020；王珂等，2021）。

3. 流体性质与来源

沙子江矿床在整个成矿过程中的成矿流体主要为中低温、低盐度、中密度流体，成矿流体中的离子主要包括 K^+、Na^+、Ca^{2+}、Fe^{2+}、Fe^{3+}、HCO_3^-、F^-、S^{2-}，主成矿阶段包裹体均一温度范围为 136.1～312.8℃，从成矿早期到晚期，成矿流体的温度和盐度逐渐下降，密度逐渐变大，且温度变化显著，盐度和密度则变化较小，部分高温流体可能在早期矿化阶段中对铀的迁移发挥了重要作用，成矿流体中的 CO_2 主要来源于地幔（石少华等，2011a，2011b）。双滑江矿床流体包裹体均一温度范围为 $106 \sim 238℃$，盐度集中在 $5.0\% \sim 15.0\%$，成矿流体中的阳离子主要为 Ca^{2+}，阴离子主要为 HCO_3^-，主成矿阶段流体呈弱碱性，成矿流体来源于大气降水（方适宜等，2009）。向阳坪矿床在成矿前期和主成矿期的成矿流体温度为 $154 \sim 248℃$，盐度为 $9.28\% \sim 15.2\%$.

关于苗儿山矿田成矿流体来源的研究工作，黄世杰等（1985）对研究区内与成矿关系密切的黄铁矿 S 同位素进行分析，结果显示其与赋矿花岗岩 S 同位素组成一致，表明 S 源稳定，可能主要来源于赋矿花岗岩，且发生了明显的分馏作用。方适宜等（2009）针对苗儿山矿田沙子江矿床、双滑江矿床、张家矿床及红桥矿床，开展成矿期石英中流体包裹体 H-O 同位素研究，结果显示成矿流体主要为大气降水，成矿源于大气降水对周围岩体的淋滤作用。石少华等（2011a）和陈琪等（2020）分别对沙子江矿床和向阳坪矿床成矿期方解石进行 C—O 同位素分析，结果显示成矿流体中的碳以岩浆碳或地幔来源为主，混合了少量的有机碳和沉积碳酸盐碳，而减压沸腾发生的 CO_2 去气作用是导致晚期铀沉淀的主要因素，但后期同样有一定量大气降水的混入，与华南其他花岗岩型铀矿类似（胡瑞忠等，2004；邵飞等，2014）。同时，石少华等（2011a）还根据孟公界、白毛冲矿床的黄铁矿全颗粒硫同位素组成，认为硫同位素分析结果与沉积来源同位素组成类似，具明显的生物成因性质，更多地继承了赋矿花岗岩源岩中沉积硫特征，而 S^{2-} 作为还原剂，对铀沉淀也起到关键作用。

4. 成矿年代学特征

关于苗儿山矿田铀成矿年代学，前人利用多种测试手段获得了多个矿床多期多阶段的成矿作用时代，如表 3.1 所示，沙子江矿床 104.4 Ma 和 53.0±6.4 Ma（沥青铀矿溶样 U-Pb 法）（石少华等，2010），97.5±4.0 Ma 和 70.2±1.6 Ma（沥青铀矿电子探针 U-Th-Pb 化学法）（Luo et al., 2015），136±17 Ma（磷灰石电子探针 U-Th-Pb 化学法）（胡欢等，2013），101.3±4.5 Ma（沥青铀矿 SIMS）（陈佑纬等，2019），70 Ma 和 146.4± 5.5 Ma（沥青铀矿 TIMS）以及 124.4±4.6 Ma 和 100 Ma（沥青铀矿 LA-ICP-MS）（王正庆，2018）；张家矿床 69.4±4.9 Ma（沥青铀矿 LA-ICP-MS）（郭春影等，2020）；向阳坪矿床 57.4 Ma 和 43.1 Ma(沥青铀矿 LA-ICP-MS)（谭双等，2022）。通过对上述苗儿山矿田内铀成矿年代学结果进行统计后发现，铀矿化时间主要集中在白垩纪—古近纪，对应 D4-D5 变形事件期间（146～53 Ma），主成矿期约为 70 Ma。

表 3.1　苗儿山矿田铀矿床铀成矿年龄统计表

序号	矿床	分析方法	年龄	文献来源
1	沙子江	沥青铀矿溶样 U-Pb 法	104.4 Ma、53.0±6.4 Ma	石少华等，2010
2	沙子江	沥青铀矿电子探针 U-Th-Pb 化学法	97.5±4.0 Ma、70.2±1.6 Ma	Luo et al.，2015
3	沙子江	磷灰石电子探针 U-Th-Pb 化学法	136±17 Ma	胡欢等，2013
4	沙子江	沥青铀矿 TIMS、沥青铀矿 LA-ICP-MS	70 Ma、146.4±5.5 Ma、124.4±4.6 Ma、100 Ma	王正庆，2018
5	沙子江	沥青铀矿 SIMS	101.3±4.5 Ma	陈佑纬等，2019
6	张家	沥青铀矿 LA-ICP-MS	69.4±4.9 Ma	郭春影等，2020
7	向阳坪	沥青铀矿 LA-ICP-MS	57.4 Ma、43.1 Ma	谭双等，2022

5. 铀源分析

关于苗儿山矿田铀源的研究工作,王正庆(2018)根据苗儿山矿田震旦—寒武纪富铀地层含铀性(是同期地壳及沉积岩铀含量的2~5倍)推测,该区古老变质基底(如上震旦统陡山沱组、老堡组,下寒武统清溪组下段与中段,下奥陶统升平组)可能是铀矿床的重要铀源,为大规模的铀成矿提供了基础。在后期构造应力的作用下,氧化流体将含铀建造中吸附态的铀带出,同时,含铀副矿物经过热液改造,铀得以释放,最终参与成矿。而 Zhang 等(2021b)基于苗儿山矿田花岗岩体全岩和黑云母副矿物典型地球化学数据作为指标进行判断,区分出贫铀花岗岩和富铀花岗岩,并认为该区加里东—印支期富铀花岗岩(平均花岗岩铀含量的 4 倍以上),可能为苗儿山矿田铀成矿提供了丰富物质基础。此外,李子颖(2006)通过对中国东部大量花岗岩型铀矿床实例进行系统研究,认为华南地区的岩石圈之下可能存在一个 U、Th 含量较高的岩石圈富集地幔,在大陆"热点"的驱动下,经过地幔流体溶解或萃取作用,将铀元素活化迁移至浅部地壳参与成矿。方适宜等(2009)则从豆乍山花岗岩中暗色包体元素地球化学的角度分析,认为富铀陆壳通过岩浆混合作用,进入地幔或地壳深部,当其通过部分熔融再次返回地壳时,铀元素重复浓集,极大增加了成矿潜力。何世伟(2022)对苗儿山矿田中部张家岩体开展岩相学、锆石年代学以及矿物和全岩地球化学的研究,认为张家花岗岩由富含铀的壳源泥质岩石部分熔融形成,铀成矿潜力较大,可成为该区铀矿床的源岩。

3.2　鹿井铀矿田

3.2.1　区域地质背景

诸广山位处华夏、江南造山带拼贴部位的东侧，万洋-诸广山复式岩体中部（图 3.4），大地构造属武功-诸广断隆区的闽赣后加里东隆起西侧（潘春蓉，2017；耿瑞瑞等，2021），按成矿带划分属南岭多金属成矿带东部。该区在行政区上横跨三省，包括湖南、广东以及

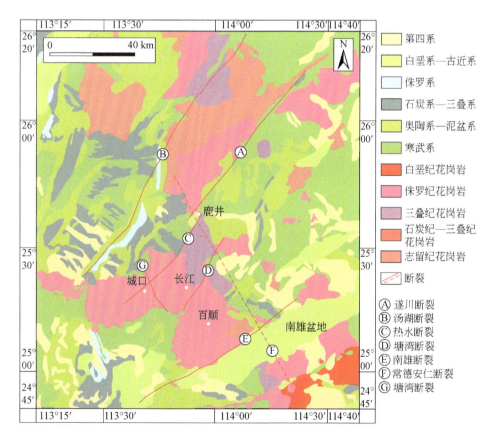

图 3.4　华南诸广山区域地质图（据潘春蓉，2017；范洪海等，2023）

江西。地理坐标东经 113°15′～114°40′、北纬 24°45′～26°20′，面积约为 16800 km^2。

研究区内地层演化共划分为 3 个阶段，包括：古元古代结晶基底、前泥盆纪冒地槽以及中生代伸展裂陷-岩浆活化（王明太等，1999）。古元古代至早古生代岩层以卷入强变形褶皱、逆冲推覆等构造为特征，也被称为华南前泥盆纪变质基底（舒良树，2012）。区内变质基底以前泥盆纪地层为主，即震旦纪地层、寒武纪地层以及奥陶纪地层。

诸广山地区岩浆活动强烈，岩浆岩出露面积大于 3600 km^2。按成岩时限主要出露的花岗岩可以分为加里东期、印支期以及燕山期花岗岩体（吴佳等，2022）。加里东期花岗岩体主要为上堡岩体、桂东岩体、益将岩体、四都岩体、东洛岩体等。各岩体岩性分别为角闪石黑云母花岗岩、黑云母花岗闪长岩、石英闪长岩、闪长岩、黑云母花岗闪长岩（张素梅等，2022；李献华等，2007）。印支期花岗岩体包括除洲田岩体、长垅岩体、文英岩体、新坊岩体、黄竹垅岩体、乐洞岩体等十多个岩体。除洲田岩体岩性为少斑状黑云母二长花岗岩外，其余岩性均为似斑状黑云母花岗岩。燕山期花岗岩体数量较多，位于诸广山南部，为长江岩体、赤坑岩体、企岭岩体、茶山岩体、三江口岩体，根据其岩性可分为似斑状黑云母二长花岗岩、似斑状二云母花岗岩、少斑状黑云母花岗岩（邓平等，2011；马铁球等，2006）。

区内辉绿岩岩体数量较燕山期花岗岩体更多，主要集中于长垄至桂花树地区。在鹿井铀矿田附近，辉绿岩分布较少。

受华夏块体和扬子板块碰撞、挤压影响，区内形成多期次的构造运动，因而产生了不同方向的褶皱和断裂。区内褶皱按照方向可分为 EW 向、SN 向、NW 向以及 NE 向四组。EW 向褶皱主要分布于人形脑、雷公仙等地，由寒武纪地层组成。形成的褶皱轴迹呈 EW 向，轴面倾角大于 50°，受强构造作用影响部分轴翼地层产生倒转。SN 向褶皱主要分布于汝城、大坪，由泥盆纪和石炭纪地层组成。轴迹近 SN 向，两翼岩层倾角大于 30°。NW 向褶皱分布广泛，主要由寒武纪地层组成。NE 向褶皱分布于沙田、石破界等地，由泥盆至二叠纪地层组成。两翼岩层倾角为 30°～60°。断裂可根据走向划分为 NW 向常德-安仁断裂、塘湾断裂，NE 向遂川-热水断裂、南雄断裂（柏道远等，2005；邓平等，2003）。

研究区地处南岭多金属成矿带东侧，矿产资源丰富，桃山-诸广山铀成矿带内富集有多个花岗岩型铀矿田，除鹿井铀矿田外还包括桃山、诸广、下庄、大湾等（赵如意等，2020）。钨锡矿包括：柯树岭钨锡矿、九龙脑钨锡矿、仙鹅塘钨矿、九龙径钨矿、小坑钨矿、横水拢钨矿、白云仙钨锡矿、淘锡坑钨锡矿；铁矿包括：盖竹溪铁矿、大人岭铁矿、大坪铁矿、铁木里铁矿、盘洞白铁矿；非金属矿：大龙下萤石矿、九零江萤石矿、金鸡岭萤石矿等。

3.2.2　成矿地质特征

研究区各矿床的赋矿围岩可归纳为两大部分：①震旦—寒武纪变质岩：作为该区内最古老的岩石，厚度为 5～13 km，主要分布于矿田的西侧和北东侧。由下寒武统香楠组和中寒武统菜园头组组成（张万良等，2011；邵飞等，2010）。②中生代花岗岩：以文英岩体为代表的印支期花岗岩，主要为中-粗粒斑状黑云母花岗岩、中-细粒不等粒二云母花岗岩。燕山期花岗岩体包括为小沙岩体、下洞岩体、金鸡岭岩体，岩体岩性主要为细粒二云母二长花岗岩（李杰等，2021a）。

矿区内断裂构造以 NE 向为主，次为 NW 向。前人通过对 NE 向断裂带内宏、微观构造观察分析发现，断裂带内的构造角砾岩、碎裂岩以及长石、石英均具有机械破碎的特征，表明浅表的 NE 向断裂为脆性断裂（孙岳等，2020；潘春蓉，2017）。这种脆性断裂在矿田内的不同地区都有活化的形迹，如印支期花岗岩内 NE 断裂带内的右行压扭擦痕，沙坝子铀矿床内 NE 向断裂带内发育的多期穿切的石英脉，以及庙背垅铀矿床 NE 断裂带发育的右行压扭阶步（孙岳等，2020；李先福等，1999a）。孙岳等（2020）根据 Win_Tensor 构造应力反演，揭示鹿井铀矿田 NE 向断裂形成后经历以下三期构造活化：第一期具有挤压叶理的早期 NW 向挤压变形；第二期形成放射状石英以及左行擦痕的中期 NW 向拉张变形；第三期产生右行压扭的晚期 NWW 向挤压变形。NW 向断裂主要位于矿田西侧，如沙坝子矿床、梨花开矿床附近。倾角 50°～70°，宽数米至数十米。以沙坝子矿床为例，NW 向断裂按其充填物种类可表现为硅化型和硅质胶结角砾型。硅化型产状与地层一致，切穿部分寒武纪地层，硅质胶结角砾型主要位于倒转背斜顶部。两种断裂均具有活化特征（杨尚海，2008）。

鹿井铀矿田内赋存多个矿床和矿化点，由北向南依次为洞房子、枫树下、牛尾岭、梨花开、沙坝子、鹿井、下洞子、黄高、羊角脑等。鹿井铀矿床矿体形态主要呈脉状、透镜状、似层状、树枝状，矿体规模大，延伸较深，主要赋存于 QF2 断裂上盘的次级断裂和 F2 夹持区的印支期花岗岩以及岩性分界面（寒武纪浅变质岩和印支期花岗岩分界面）附近。赋存标高平均为 220 m，深部最大延伸至-125 m，矿化垂幅为 525 m。倾向、厚度方向变化无规律。品位为 0.09%～0.19%，矿体厚度最大为 12 m（张万良等，2011；任洁，2019；耿瑞瑞等，2021）。矿石矿物为黄铁矿、方铅矿、赤铁矿、沥青油矿，脉石矿物为石英、萤石、方解石等。矿石类型为铀-黄铁矿型、铀-萤石型、铀-黏土矿物型。

鹿井铀矿田围岩蚀变较为多样，包括硅化、黄铁绢英岩化、赤铁矿化、萤石化、黄铁矿化、赤铁矿化、绿泥石化、方解石化、水云母化、伊利石化、高岭土化等。矿田内各矿床与铀矿化相关的围岩蚀变存在一定差异，如牛尾岭矿床与铀矿化关系最密切的为萤石化、黄铁矿化；鹿井矿床的黄铁矿化、赤铁矿化、萤石化与铀矿化关系密切；黄高矿床与铀成矿相关为黄铁矿化、萤石化、碳酸盐化、绿泥石化；羊角脑铀矿床与铀矿化关系最密切的为赤铁矿化、碳酸盐化、钠长石化、绿泥石化与黏土化。

鹿井铀矿田的沥青铀矿的 U-Pb 定年研究显示，铀矿体形成于早白垩世—古近纪（103～87 Ma，48 Ma；Min et al.，1999；韩娟等，2011），但矿体形成的高峰期集中于 100～90 Ma 以及 60～50 Ma（邵飞等，2010），而矿化具有多期叠加的特点。

第4章 苗儿山铀矿田构造活化数值模拟

4.1 模 型 建 立

基于苗儿山铀矿田的基本地质特征，建立了一个长宽为 11 km，厚度为 200 m 的简化模型，用于探究铀矿床空间分布与 NE 和 NNE 向断层之间的密切关系（图 4.1）。该模型包含三个岩性单元，分别为加里东岩体（加里东期黑云母花岗岩）、香草坪岩体（印支期黑云母花岗岩）、豆乍山岩体（印支期二云母花岗岩）。模型的主体部分为香草坪岩体，模型的中心部分为豆乍山岩体，模型的东南角为加里东岩体。根据豆乍山铀矿田内 NE、NNE 向断裂展布特征及其与成矿的密切关系，模型中的构造从左到右依次为天金断裂、香草坪断裂、F1、F2 和 F3。模型内的断裂均被视为断裂带，并赋予了 250 m 的宽度。模型中均采用六面体单元，共包含 920 个单元（图 4.1）。

4.2 参 数 设 置

模型中所有的地质单元都是均质各向同性的材料，可以通过赋予不同的物理参数来表现不同岩石的性质。描述莫尔-库仑各向同性弹塑性本构模型的参数包括剪切模量、体积模量、内聚力、抗拉强度、摩擦角和膨胀角。表 4.1 列出了本章数值模拟研究中涉及的所有单元的物性参数。

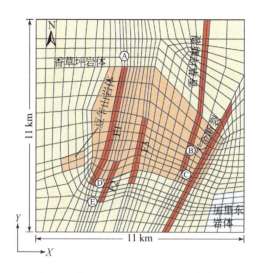

图 4.1　苗儿山铀矿田的二维地质模型

Ⓐ:孟公界矿床；Ⓑ:白毛冲矿床；Ⓒ:双滑江矿床；Ⓓ:沙子江矿床；Ⓔ:向阳坪矿床

表 4.1　数值模拟中的岩石物理力学参数和水力参数

参数	加里东岩体	香草坪岩体	豆乍山岩体	断层
密度/（kg/m³）	2616*	2570*	2570*	2400
体积模量/MPa	$4.95×10^4$	$4.82×10^4$	$3.60×10^4$	$9.5×10^3$
剪切模量/MPa	$2.90×10^4$	$2.77×10^4$	$1.30×10^4$	30
内聚力/MPa	40	23	57	0.003
抗拉强度/MPa	4	10	13.3	0.6
摩擦角/（°）	30	30	30	15
剪胀角/（°）	3	2	2	5
孔隙度	0.05	0.05	0.03	0.2
渗透率/m²	$2.00×10^{-16}$	$2.50×10^{-16}$	$1.10×10^{-19}$	$1.00×10^{-12}$

注：*表示实测值，其余均为经验值。

4.3　初始条件和边界条件

在模拟之前，需要将模型引入到静岩应力条件和 9.81 m/s^{-2} 的重力加速度下来平衡模型的初始应力。整个模型被视为均值饱和含水的，初始孔隙压力设置为静水压力状态。不同深度下的模型中的流体密度仅受温度影响，并由波希尼斯克（Boussinesq）方程计算：$\rho_w = \rho_0 [1 - \beta_w (T - T_0)]$，式中 T_0 为参照温度，将其设置为地表温度 20 ℃，ρ_0 为流体参照密度 1000 kg/m^3，β_w 为流体体胀系数 1.85×10^{-3}℃$^{-1}$（Cui et al.，2010）。模型的顶部边界可以在任何方向上自由移动，而底部边界在垂直方向上固定，但可以水平移动。通过在模型的左右边界分别施加 1×10^{-10} m/s 的水平边界加载速度来模拟挤压或者拉伸。首先，我们将模型设置在 5 km 深度下进行模拟，以此作为基本模型。随后又对其他深度（3～7 km）进行了测试，用来比较模拟结果。

4.4　模　拟　结　果

4.4.1　5 km 深度下的挤压和拉伸模拟

基本模型在 5 km 深度下的模拟结果如图 4.2 所示。为了模拟东西方向上的压缩，在垂直模型左右边界应用了一个 1×10^{-10} m/s 的恒定的收敛速度。在 0.5% 体积缩短阶段，F1、F2、F3 断裂及其周围，以及天金断裂的南端都发育了扩容区（图 4.2a）。当模型被压缩到 1.5% 体积缩短阶段时，模型内扩容区的面积显著减小，仅在 F1 和 F3 断裂及其周围以及香草坪断裂左侧观察到了轻微的扩容区（图 4.2b）。此外，在这两个体积缩短阶段，模型内发育的扩容区与已知铀矿床的位置均不一致。

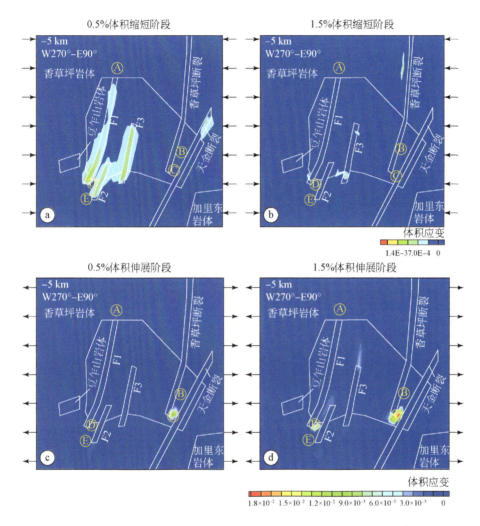

图 4.2　5 km 深度下在 EW 方向上的挤压（a、b）和拉伸（c、d）变形模拟结果

相比之下，当通过对模型的左右边界施加 $1×10^{-10}$ m/s 的恒定的发散速度来模拟拉伸时，模型中会发育显著的扩容区（图 4.2c，d）。在这种情况下，模型中的最大体积应变增量比压缩产生的体积应变增量高两

个数量级（见图 4.2 中的图例）。而且，从 0.5% 和 1.5% 两个体积伸展阶段的结果可以看出，扩容区的面积会随着拉伸的进行而逐渐增大（图 4.2c，d）。模型中的扩容区主要产出在香草坪断裂的南端附近，这正对应了双滑江矿床的所在位置（ⒸＣ位置，图 4.2c，d）。此外，在 1.5% 体积伸展阶段，在 F1 和 F2 断裂之间与 F1 断裂南端相邻的位置，发育了显著的扩容区，而该位置正是沙子江矿床的产出地（ⒹＤ位置，图 4.2d）。然而，在对应孟公界矿床（Ⓐ位置）、白毛冲矿床（Ⓑ位置）和向阳坪矿床（Ⓔ位置）的位置没有出现任何扩容区。

此外，王正庆（2018）提出了 D4 变形阶段的 NW-SE 压缩应力场。因此，为了进一步确认模型中在这种应力状态下是否会发育扩张区，进行了 NW-SE 方向的挤压模拟。该模拟结果与 EW 挤压的结果十分相似，仅在最大应变值上略有差异（图 4.3）。同样的，也没有观察到与已知矿床位置相对应的扩容区（图 4.3）。

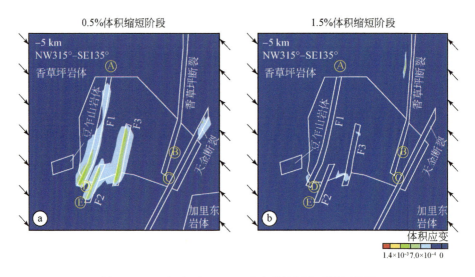

图 4.3　5 km 深度下 NW-SE 方向的挤压变形模拟结果

4.4.2　不同深度下的模拟

为了进一步研究深度对应变发展和铀矿床分布的影响，在伸展背景下对不同深度的模型进行了测试，模拟结果如图 4.4 所示。在 0.5%体积伸展阶段（图 4.4a，c，e，g），所有模型中靠近香草坪断裂南端的位置（ⓒ位置，双滑江矿床对应位置）都出现了相似的扩容区，且在 3 km 的模型中体积应变值最高（图 4.4a）。对于 3 km 和 4 km 的模型（图 4.4a，c），在 F1 断裂的北端和 F2 断裂的南端位置也发育了扩容区，其中，3 km 模型中的扩容区更为显著（图 4.4a）。

随着模型进一步被拉伸到 1.5%体积伸展阶段时，在所有模型中，原本对应双滑江矿床（ⓒ位置）的位置的扩容区的大小和规模都略有增加（图 4.4b，d，f，h）。但在不同的模型中，其他位置的扩容区的发展则有所差异。对于 3 km 和 4 km 的模型，F2 断裂南端附近的扩容区和早期发育的对应孟公界矿床（Ⓐ位置）的扩容区的面积进一步扩大（图 4.4b,d），且在 3 km 的模型中，天金断裂的北端首次出现扩容区（图 4.4b）。与此相反，在 6 km 和 7 km 的模型中，没有观察到对应孟公界矿床（Ⓐ位置）的扩容区，且整体扩容区的变化也不如浅部模型明显（图 4.4f, h），这表明扩容区的发育可能随着深度的增加而逐渐被抑制。与其他模型相比，4 km 的模型在 1.5%体积伸展阶段时扩容区的分布和目前已知的矿床在矿田中的位置非常一致，例如分别对应于孟公界、双滑江和沙子江矿床的Ⓐ、ⓒ和Ⓓ位置，虽然此时模型中其他位置也发育了部分扩容区（图 4.4d）。在所有模拟结果中，仅在 3 km 深度的模型中观察到了非常靠近向阳坪矿床对应位置（Ⓔ位置）的扩容区的发育（图 4.4a, b）。然而，所有模型都没有发育对应白毛冲矿床位置（Ⓑ位置）的扩容区。

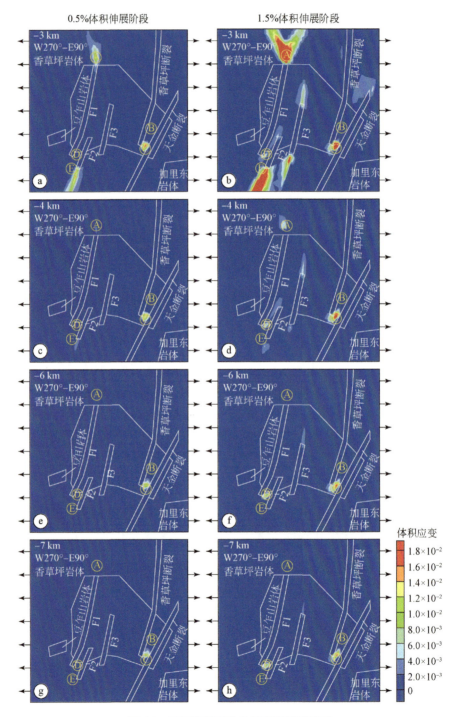

图 4.4　不同深度下的拉伸变形模拟结果

4.4.3　4 km 深度下不同拉伸方向的模拟

图 4.5 展示了模型处于 4 km 深度下在 NE（315°）-SW（135°）和 NW（45°）-SE（315°）方向的拉伸模拟结果，在两个阶段的模型中发育的扩容区分布情况十分相似。与 EW 向在相同深度的拉伸模拟结果相比（图 4.4c，d），即使在同一地点发育的扩容区的规模大小存在显著差异，但它们的整体空间分布模式是一样的，同样可以与豆乍山矿田内的已知铀矿床的位置相对应。

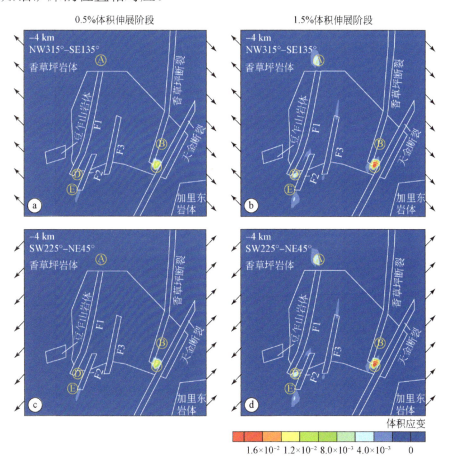

图 4.5　4 km 深度下 NE-SW 和 NW-SE 方向的拉伸变形模拟结果

第 5 章　鹿井铀矿田构造活化数值模拟

5.1　模　型　建　立

5.1.1　鹿井铀矿田 *A-A′* 剖面构造活化模型

鹿井铀矿田的锆石和磷灰石（U-Th）/He 热力年代学研究表明，自晚白垩世至今，矿田的剥蚀深度约为 5 km（Sun et al.，2021）。因此，在 FLAC3D 7.0 软件中构建了一个长度为 12 km、高度为 6.2 km 的鹿井铀矿田 *A-A′* 剖面地质模型。为突出构造活化对矿体赋存空间的影响，图 5.1 的模型仅展示了鹿井铀矿田 *A-A′* 剖面地质模型底部 0~1.2 km（埋藏深度为 5.0~6.2 km）的部分。基于鹿井铀矿田 *A-A′* 地质剖面图的地质分布特征，模型内部共划分了四种岩性单元和一种断裂单元。鹿井铀矿田 *A-A′* 剖面地质简化模型的岩性单元包括：①花岗岩 1，印支期黑云母花岗岩；②花岗岩 2，燕山期二长花岗岩；③浅变质岩，寒武纪的含碳板岩和浅变质砂岩；④砂砾岩，白垩纪红层的砂砾岩。

研究区内断裂较为发育，前人对断裂特征以及铀矿体分布总结研究表明，铀矿体空间分布主要与 NE 向断裂及其次生断裂相关（李先福等，1999b；孙岳等，2020；许谱林等，2023），例如牛尾岭矿床 QF1 断裂上盘厚度为 2～16 m 的 Pt30 号矿体（王冰，2016）；羊角脑矿床 QF5 断裂带中的Ⅱ号主矿体（潘春蓉，2017）。因而，在创建鹿井铀矿田 A-A' 剖面的几何模型过程中，根据各矿床内主断裂出露的特征，设定了 QF1、QF2-1、QF2-2、QF2-3、QF2-4、QF2-5、QF3、QF4、QF5 多条断裂。鹿井铀矿田 A-A'剖面地质简化模型重点探究构造环境对铀矿体分布特征的影响，故模型内各断裂单元的边界依据 A-A'地质剖面中所对应的断裂边界进行划分。模型内各断裂单元所需设定的角度和间距与上述操作方法一致。模型内各断裂单元宽度均设定为 200 m。

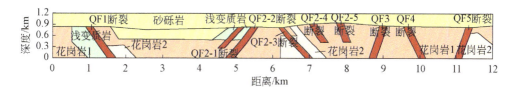

图5.1　鹿井铀矿田 A-A'剖面构造活化模型

5.1.2　鹿井铀矿田各矿床构造活化模型

本章主要讨论拉张应力场作用下，岩性差异对构造活化产生的扩容区空间分布的影响。鹿井铀矿田内的 A-A'地质剖面图所揭示的矿床主要包括：牛尾岭矿床、黄高矿床、鹿井矿床、羊角脑矿床。根据各矿床地质特征，本研究建立上述矿床分别对应的地质简化模型（图5.2）。牛尾岭矿床、黄高矿床、鹿井矿床、羊角脑矿床对应的几何模型长度均设定为 2.0 km，宽度均设定为 1.2 km（埋藏深度为 5.0～6.2 km）。对各矿床的几何模型建立分述如下。

牛尾岭矿床几何模型包括四种岩性单元和一个断裂单元。岩性单元包括：宽度为 0.45 km 的花岗岩1（印支期黑云母花岗岩）和花岗岩2

（燕山期二长花岗岩）；宽度为 0.9 km 的浅变质岩（震旦—寒武纪的含碳板岩和浅变质砂岩）；宽度为 0.3 km 的砂砾岩（白垩纪红层的砂砾岩）。断裂单元的倾角设定为 65°，断裂宽度为 50 m。

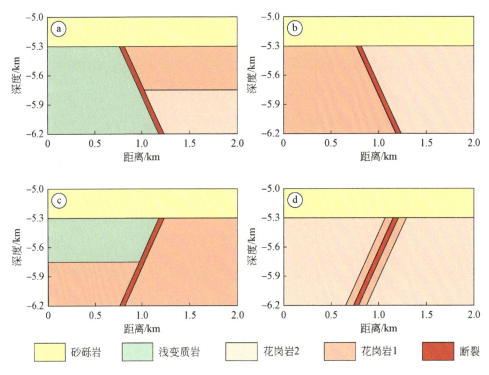

图 5.2　鹿井铀矿田各矿床剖面构造活化模型
a.牛尾岭矿床；b.黄高矿床；c.鹿井矿床；d.羊角脑矿床

黄高矿床几何模型包括三种岩性单元和一个断裂单元。岩性单元包括：宽度为 0.9 km 的花岗岩 1（印支期黑云母花岗岩）和花岗岩 2（燕山期二长花岗岩）；宽度为 0.3 km 的砂砾岩（白垩纪红层的砂砾岩）。断裂单元的倾角设定为 65°，断裂宽度为 50 m。

鹿井矿床几何模型包括三种岩性单元和一个断裂单元。岩性单元包括：宽度为 0.3 km 的砂砾岩（白垩纪红层的砂砾岩）；宽度为 0.45 km

的浅变质岩（震旦—寒武纪的含碳板岩和浅变质砂岩）；左侧宽度为
0.45 km，右侧宽度 0.9 km 的花岗岩 1（印支期黑云母花岗岩）。断裂单
元的倾角设定为 65°，断裂宽度为 50 m。

羊角脑矿床几何模型包括三种岩性单元和一个断裂单元。岩性单元
包括：砂砾岩（白垩纪红层的砂砾岩）岩性单元的设定宽度为 0.3 km；
花岗岩 1（印支期黑云母花岗岩）和花岗岩 2（燕山期二长花岗岩）岩
性单元的设定宽度为 0.9 km。断裂单元的倾角设定为 65°，断裂宽度为
50 m。

5.1.3　先存断裂倾角构造活化模型

研究区内断裂构造非常发育，断裂倾角变化差异较大。前人研究表
明，大多数铀矿体与断裂产状一致，多为 50°～87°（耿瑞瑞等，2021；
张万良和党鹏飞，2022），而断裂的倾角是否影响构造扩容区的空间分
布尚未清楚。由于鹿井铀矿田各矿床构造活化模型的断裂倾角均设定为
65°，为了讨论模型不同的断裂倾角是否对矿床模型的体积应变分布产
生影响，以黄高矿床的地质特征为基础，设计了多个简化的模型（图
5.3a–h）。

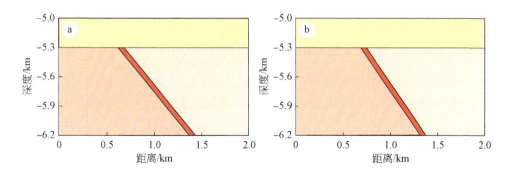

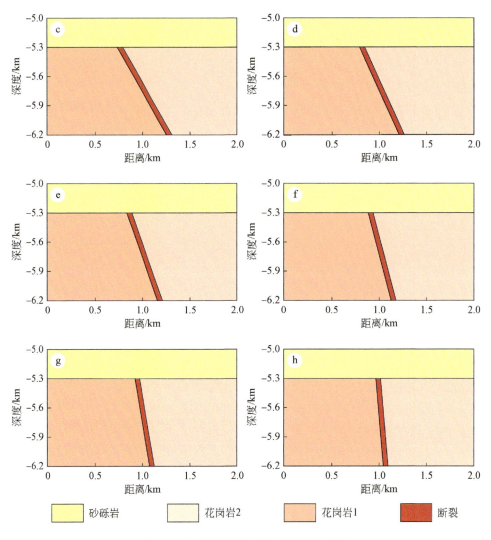

图 5.3　先存断裂倾角变化构造活化模型

a.断裂倾角为50°；b.断裂倾角为55°；c.断裂倾角为60°；d.断裂倾角为65°；e.断裂倾角为70°；f.断裂倾角为75°；

g.断裂倾角为80°；h.断裂倾角为85°

　　该组简化模型宽度均为 2.0 km，厚度为 1.2 km。模型包括断裂单元、断裂上盘燕山期花岗岩单元、下盘的印支期花岗岩单元，以及顶部的砂岩单元。断裂倾角为50°，依次增加5°到85°，断裂宽度均为50 m。

5.2　参　数　设　置

在模拟过程中，模型中所有地质单元都被视为均质各向同性，且可以通过赋予不同的物理参数来表现不同岩石的性质。所有模拟均采用能反映上地壳岩石弹性和塑性变形的莫尔-库仑本构模型（Hobbs et al.，2000；McLellan et al.，2004）。描述莫尔-库仑各向同性弹塑性本构模型的参数包括剪切模量、体积模量、内聚力、抗拉强度、摩擦角和膨胀角。表 5.1 列出了本节数值模拟研究中涉及的所有单元的物性参数。总体而言，断裂作为矿体空间定位的重要影响因素，相较于花岗岩（黑云母花岗岩和二长花岗岩）、浅变质岩以及砂砾岩，其物理特征中的渗透率、孔隙度和剪胀角最高，体积模量、剪切模量、内聚力、抗张强度以及摩擦角均最弱。以上断裂特征充分反映了先存断裂力学性质薄弱的特点（Cox，2005；李增华等，2019）。

表 5.1　数值模拟岩石力学和流体参数

岩性	花岗岩 1	花岗岩 2	浅变质岩	砂砾岩	断裂
密度/（kg/m³）	2570[*]	2556[*]	2744	2450	2400
体积模量/MPa	$4.82×10^4$	$4.00×10^4$	$3.06×10^4$	$1.67×10^4$	$9.5×10^3$
剪切模量/MPa	$2.77×10^4$	$2.50×10^4$	$2.29×10^4$	$1.25×10^4$	30
内聚力/MPa	60	35	58	15	0.003
抗张强度/MPa	10	4.4[*]	29	1.5	0.6
摩擦角/（°）	29	29	38	20	15
剪胀角/（°）	2	2	2	3	5
孔隙率	0.03	0.03	0.05	0.18	0.20
渗透率/m²	$2.50×10^{-16}$	$2.50×10^{-16}$	$1.00×10^{-14}$	$5.00×10^{-14}$	$1.00×10^{-12}$

注：* 为实测值，其余为经验值。

5.3 初始条件和边界条件

5.3.1 鹿井铀矿田 *A—A'* 剖面模型初始条件和边界条件设定

依据前人对鹿井铀矿田内各矿床的流体包裹体研究和热力史模拟，成矿期的流体温度约 200 ℃，成矿深度约为 5 km（Min et al.，1999；Sun et al.，2021）。由于模型并不包括上覆 5 km 的地层，因此需要对模型顶界面施加 5 km 厚的岩石垂向压力（图 5.4）。然后需要将模型引入到静岩应力条件和 9.81 m/s² 的重力加速度下来平衡模型的初始应力。模型底部边界仅可在水平方向产生位移（图 5.4），而上部、左部以及右部边界均可在水平和垂直方向产生位移。为了探讨构造环境对矿化的影响，对模型左右边界设置了多组大小不同的挤压或拉张的边界加载速度，分别为 1×10^{-8} m/s、1×10^{-9} m/s、1×10^{-10} m/s、1×10^{-11} m/s。

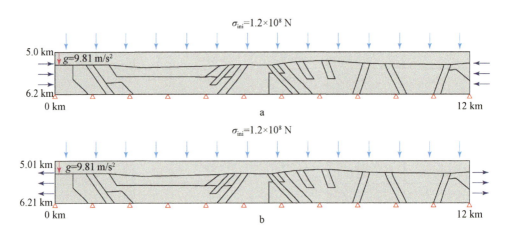

图 5.4 鹿井铀矿田 *A—A'* 剖面地质模型初始条件和边界条件设定示意图

a.挤压变形；b.拉张变形

5.3.2 各矿床模型与先存断裂倾角模型初始条件和边界条件设定

鹿井铀矿田各矿床模型与先存断裂倾角模型所用模型的初始条件和边界条件相同，如图 5.5。同样地，在模拟之前，将模型引入到静岩应力条件和 9.81 m/s² 的重力加速度下来平衡模型的初始应力。模型的底部边界仅可在水平方向产生位移，顶部和左、右部边界均可在水平和垂直方向产生位移。将 1×10^{-10} m/s 水平速度应用于模型的左右边界，模拟 NW-SE 向拉张构造环境下各矿床成矿过程。

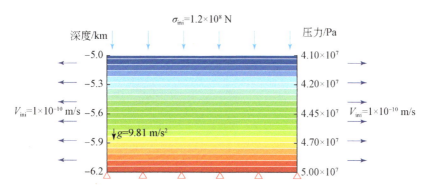

图 5.5 鹿井铀矿田各矿床模型与先存断裂倾角模型初始条件和边界条件设定示意图

5.4 模 拟 结 果

5.4.1 鹿井铀矿田 A-A' 剖面构造活化数值模拟结果

1. 鹿井铀矿田 A-A' 剖面构造变形速度模拟结果

在模型 1 和模型 2 中，通过向模型的左右两个边界分别施加 1×10^{-8} m/s

和 1×10^{-9} m/s 的收敛位移速度来模拟 NW 向构造拉张。模拟结果如图 5.6a 和 5.6b 所示，体积应变主要沿左右边界垂直分布。最大体积应变分别为 1.66×10^{-1} 和 8.64×10^{-1}。该体积应变分布与牛尾岭、鹿井、黄高及羊角脑矿床的空间分布位置均不对应。

在模型 3 中，模型的左右两个边界分别施加大小相同（即 1×10^{-10} m/s），但方向相反（左边界向左、右边界向右）的收敛位移速度（图 5.6c）。模型于 0.5%拉张构造变形时刻，最大体积应变主要分布在与 QF2-2 断裂内和顶部接触的砂砾岩接触界面、与 QF2-3 断裂内和顶部接触的砂砾岩接触界面、与 QF5 断裂内和该断裂顶部接触的砂砾岩内。最大体积应变的值为 2.16×10^{-2}。相比于模型 1 和模型 2，此模型的体积应变分布差异大。模型 3 位于多个断裂附近的体积应变分布均能够对应矿田内矿床的分布。

在模型 4 中，模型的左右两个边界分别施加大小相同（即 1×10^{-11} m/s），但方向相反（左边界向左、右边界向右）的收敛位移速度（图 5.6d）。模拟结果显示最大体积应变主要分布在与 QF2-2 断裂内和顶部接触的砂砾岩接触界面、与 QF2-3 断裂内和顶部接触的砂砾岩接触界面。最大体积应变的值为 1.70×10^{-2}。相比于模型 3，模型 4 中位于 QF2 断裂（即 QF2-1 至 QF2-5）的体积应变范围有所扩大。但缺失了与 QF5 断裂内和该断裂顶部接触的砂砾岩内的体积应变和 QF1 断裂右侧的"盆底尖端"

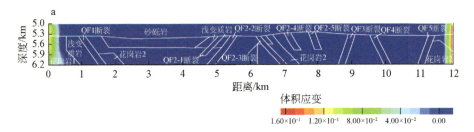

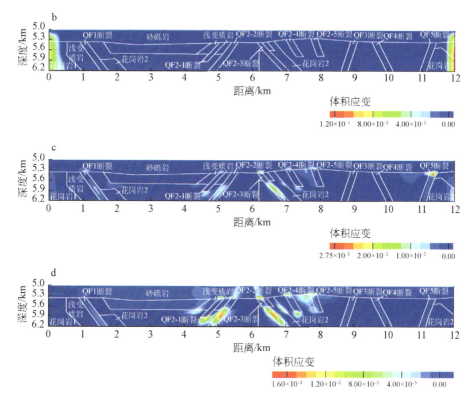

图5.6　不同边界加载速度下模型在拉张 0.5%时的体积应变模拟结果

a.模型 1 的边界加载速度为 1×10^{-8} m/s；b.模型 2 的边界加载速度为 1×10^{-9} m/s；c.模型 3 的边界加载速度为 1×10^{-10} m/s；d.模型 4 的边界加载速度为 1×10^{-11} m/s

的体积应变。

2. 鹿井铀矿田 A-A'剖面挤压活化模拟结果

如图 5.7a 所示，模型的左右两个边界分别施加大小为 10^{-10} m/s，方向为对向的收敛位移速度。模拟结果显示，模型经过 0.5%的挤压变形后，模型的体积应变分布于多条先存断裂的顶底尖端所接触的围岩内，主要包括：①与 QF1 断裂顶部接触的浅变质岩和砂砾岩接触界面、与底部尖端接触的花岗岩 2 内；②与 QF2-1 断裂底部尖端接触的花岗岩 1

内；③与 QF2-2 断裂顶部尖端接触的砂砾岩和花岗岩 1 接触界面、与底部尖端接触的花岗岩 1 内；④与 QF2-3 断裂顶部尖端接触的砂砾岩和花岗岩 1 接触界面、与底部尖端接触的花岗岩 2 内（图 5.7b）。其中，最大体积应变的值为 $1.31×10^{-2}$，主要出现在与 QF1 断裂底部尖端接触的花岗岩 2 内。值得注意的是，在 QF5 断裂顶部的花岗岩 1 和砂砾岩接触界面并未产生体积应变，而 QF4 断裂顶底尖端的接触围岩中产生了较弱的体积应变。体积应变分布区域与已知铀矿床的产出位置对应较差，尽管在 QF1 断裂和 QF2 断裂附近出现的体积应变，分别能够对应到牛尾岭矿床和鹿井矿床，但体积应变产生的位置和前文所述的矿体赋存空间位置存在差异。而与黄高矿床以及羊角脑矿床分别对应的 QF2-4 断裂和 QF5 断裂附近并未产生体积应变。

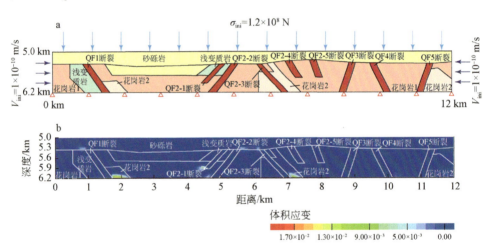

图 5.7　鹿井铀矿田 A-A′ 剖面初始模型及挤压边界条件示意图（a）及挤压边界下
体积应变模拟结果（b）

3. 鹿井铀矿田 A-A′ 剖面拉张活化模拟结果

在图 5.8a 中，模型的左右两个边界分别施加方向相反（左边界向左、右边界向右）、大小相同（1×10^{-10} m/s）的收敛位移速度。模拟结果显示，模型经过 0.5%的拉张变形后，模型的体积应变分布于多条先存断裂内和与断裂顶部接触的围岩内，主要包括①与 QF1 断裂内和该断裂顶部接触的砂砾岩接触界面；②与 QF2-1 断裂顶部接触的砂砾岩接触界面、与该断裂底部接触的花岗岩 1 内；③与 QF2-2 断裂内和顶部接触的砂砾岩接触界面；④与 QF2-3 断裂内和顶部接触的砂砾岩接触界面；⑤位于 QF2-3 断裂和 QF2-4 断裂之间的花岗岩 1 和花岗岩 2 的接触界面；⑥与 QF2-4 断裂顶部接触的砂砾岩接触界面、与该断裂底部接触的花岗岩 1 内；⑦位于 QF2-4 断裂和 QF2-5 断裂之间的花岗岩 1 和砂砾岩的接触界面；⑧与 QF5 断裂内和该断裂顶部接触的砂砾岩内（图 5.8b）。最大体积应变的值为 2.16×10^{-2}，主要出现在与 QF5 断裂内。此外，在 QF1 断裂和 QF2-1 断裂之间，由砂砾岩所构成的"盆底尖端"和花岗岩 1 的接触部位产生了体积应变，而 QF5 断裂和 QF4 断裂之间的花岗岩 1 和砂砾岩接触界面产生了较弱的体积应变。体积应变分布区域与已知铀

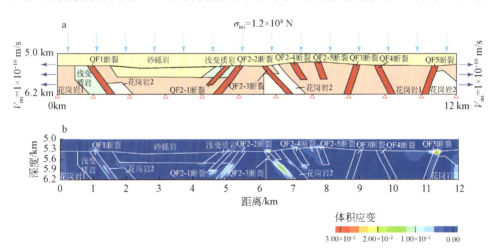

图 5.8　鹿井铀矿田 A-A'剖面初始模型及拉张边界条件示意图（a）及拉张边界下体积应变模拟结果（b）

矿床的产出位置对应，产生于 QF1 断裂右侧的"盆底尖端"的体积应变对应牛尾岭矿床，QF2-1 和 QF2-2 断裂内出现的体积应变对应鹿井矿床，QF2-4 断裂和 QF2-5 断裂之间的花岗岩 1 和砂砾岩的接触界面对应黄高矿床，QF5 断裂内和该断裂顶部接触的砂砾岩内的体积应变分布对应羊角脑矿床。

5.4.2　鹿井铀矿田各矿床构造活化模拟结果

1. 牛尾岭矿床构造拉张活化模拟结果

牛尾岭铀矿床数值模拟结果显示，体积应变分布特征如图 5.9。在 0.1%拉张构造变形阶段，体积应变区主要分布于断裂内、与断裂接触的围岩，以及与断裂上盘的花岗岩 1。断裂内的体积应变区分为两部分（图 5.9b）。其中一部分为断裂内体积应变区，其最大值为 6.5×10^{-2}，位于断裂底部。另一部分为断裂顶部"尖端"的体积应变区，其最大值为 2.0×10^{-2}。与断裂接触的围岩体积应变最大值为 5.0×10^{-2}。花岗岩 1 体积应变区呈明显的"豆荚"状，垂向延伸范围为$-5.7\sim-5.3$ km，体积应变为 $1.0\times10^{-2}\sim2.0\times10^{-2}$。仅见微弱体积应变区分布于花岗岩 2 中，体积应变为 $1\times10^{-2}\sim2\times10^{-2}$。而在 0.5%拉张构造变形阶段，体积应变区仍以断裂内、与断裂接触的围岩，以及断裂上盘的花岗岩 1 分布为主，在断裂下盘浅变质岩中和砂砾岩中也存在少量分布（图 5.9c）。断裂内的体积应变最大值为 2.4×10^{-1}。与断裂接触的围岩体积应变最大值为 2.5×10^{-1}。断裂上盘花岗岩 1 中的体积应变范围深部最大延伸至约 5.8 km，体积应变为 $4\times10^{-2}\sim8\times10^{-2}$。值得注意的是，该阶段花岗岩 1 体积应变区仍呈"豆荚"状，分布范围更大，体积应变区分布范围扩大,而在花岗岩 1 和花岗岩 2 接触界面上方出现一个体积应变为 $5.0\times10^{-2}\sim1\times10^{-1}$ 的更为明显的体积应变区。

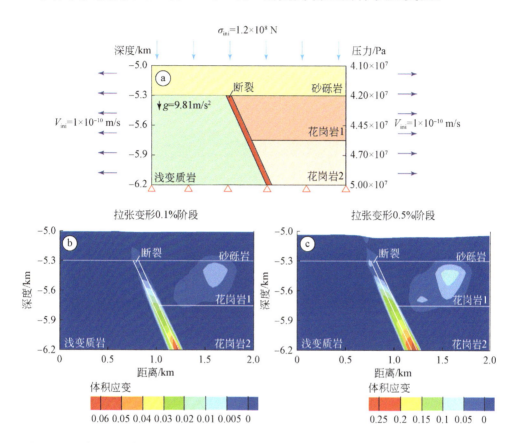

图 5.9 牛尾岭铀矿床初始模型示意图(a)及 0.1%变形阶段(b)和 0.5%变形阶段(c)拉张活化模拟结果

2.鹿井铀矿床构造拉张活化模拟结果

鹿井铀矿床数值模拟结果显示,体积应变分布特征如图 5.10 所示。在 0.1%拉张构造变形阶段,体积应变区分布于断裂内、与断裂接触的围岩、断裂上盘的浅变质岩(图 5.10b)。极少数体积应变区位于花岗岩 1 和砂砾岩中。断裂内最大体积应变为 8.5×10^{-2}，位于断裂底部。与断裂接触的围岩体积应变最大值为 4.5×10^{-2}。断裂上盘浅变质岩和花岗岩 1 中的体积应变区呈明显的"豆荚"状，垂向延伸范围为 $-5.7 \sim -5.3$ km，体积应变为 $5.0 \times 10^{-3} \sim 1.5 \times 10^{-2}$。而在 0.5%拉张构造变形阶段体积应变仍以断裂内、断裂上盘的浅变质岩分布为主，少量体积应变区出现在断裂上盘的花岗岩 1 中（图 5.10c）。断裂内最大体积应变为 3.1×10^{-1}。与断裂接触的围岩体积应变最大值为 3.0×10^{-1}。相较

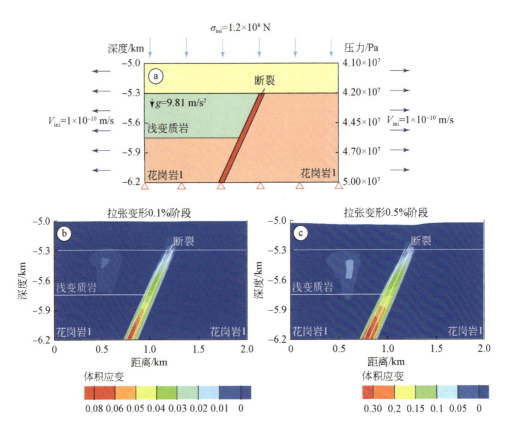

图 5.10　鹿井铀矿床初始模型示意图（a）及 0.1%变形阶段（b）和 0.5%变形阶段（c）拉张活化模拟结果

0.1%拉张构造变形阶段，0.5%拉张构造变形阶段浅变质岩内的体积应变区逐渐向深部扩大，深部最大延伸至约 5.8 km，体积应变为 $5.0 \times 10^{-2} \sim 1.0 \times 10^{-1}$。

3. 黄高铀矿床构造拉张活化模拟结果

黄高铀矿床数值模拟结果显示，体积应变分布特征如图 5.11 所示。在 0.1%拉张构造变形阶段，体积应变区分布于断裂内、与断裂接触的围岩、断裂上盘的花岗岩 2，以及少量砂砾岩中（图 5.11b）。其中，断裂内最大体积应变区位于断裂底部，为 7.7×10^{-2}。与断裂接触的围岩内的体积应变最大值为 5.0×10^{-2}。断裂上盘体积应变区呈明显的"倒三角"状，垂向延伸范围为 $-5.9 \sim -5.3$ km，体积应变为 $1.0 \times 10^{-2} \sim 2.0 \times 10^{-2}$。而在 0.5%拉张构造变形阶段，体积应变区仍以断裂内、与断裂接触的围岩和断裂上盘的花岗岩 2 分布为主，在砂砾岩中见少量分布（图 5.11c）。断裂内最大体积应变为 3.0×10^{-1}。与断裂接触的围岩内的体积应变最大值为 3.0×10^{-1}。断裂上盘花岗岩 2 内的体积应变区深部最大延伸至约 5.9 km，体积应变为 $2.5 \times 10^{-2} \sim 7.5 \times 10^{-2}$。

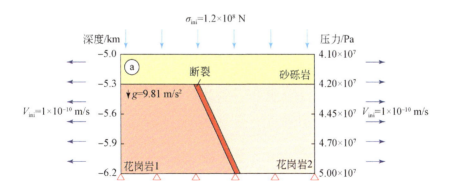

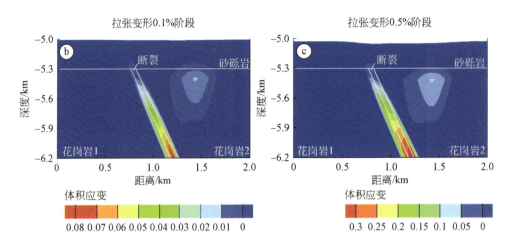

图 5.11　黄高铀矿床初始模型示意图（a）及 0.1%变形阶段（b）和 0.5%变形阶段（c）拉张活化模拟结果

4. 羊角脑铀矿床构造拉张活化模拟结果

羊角脑铀矿床数值模拟结果显示，体积应变分布特征如图 5.12。在 0.1%拉张构造变形阶段，体积应变分布于断裂内、与断裂接触的下盘花岗岩 1 和断裂上盘的花岗岩 2（图 5.12b）。断裂内最大体积应变为 6.5×10^{-2}。与断裂接触的下盘花岗岩 1 内的体积应变最大值为 6.5×10^{-2}。断裂上盘花岗岩 2 内的体积应变主要呈"似层"状，垂向延伸范围为$-5.5 \sim -5.3$ km，体积应变为 $1.0 \times 10^{-2} \sim 2.0 \times 10^{-2}$。在 0.5%拉张构造变形阶段，体积应变区主要分布于断裂内、与断裂接触的下盘花岗岩 1，少量体积应变分布于砂砾岩内和断裂上盘的花岗岩 2 内（图 5.12c）。断裂内最大体积应变为 2.5×10^{-1}。与断裂接触的下盘花岗岩 1 内的体积应变最大值为 2.5×10^{-1}。值得注意的是，该阶段断裂上盘的花岗岩 2 内的体积应变分布范围相较 0.1%拉张构造变形阶段逐渐向断裂缩小，深部最大延伸仍至约 5.5 km，体积应变为 $2.5 \times 10^{-2} \sim 5.0 \times 10^{-2}$。

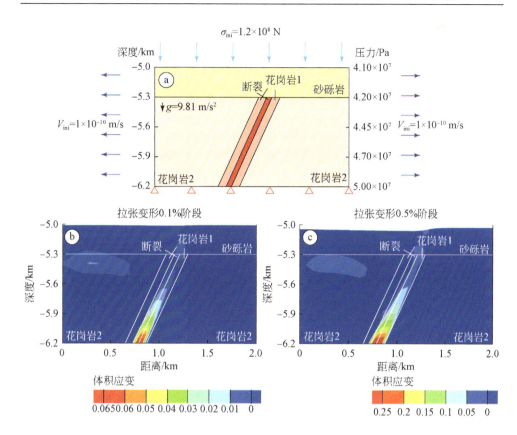

图 5.12　羊角脑铀矿床初始模型示意图（a）及 0.1%变形阶段（b）和 0.5%变形阶段（c）拉张

活化模拟结果

5.4.3　先存断裂倾角构造活化模拟结果

1. 0.1%拉张变形阶段先存断裂倾角变化构造活化模拟结果

如图 5.13，0.1%拉张构造变形阶段存断裂倾角模拟结果显示，模型 1 至 7 的体积应变主要分布于断裂内和断裂上盘的花岗岩 2 中。各断裂倾角模拟结果分述如下：

模型 1 为断裂倾角为 50°（图 5.13a），断裂带内的体积应变最大为

7.2×10^{-2}，断裂上盘花岗岩 2 的体积应变与断裂顶部距离 0.88 km，深部最大延伸至约 5.7 km，变化范围为 $5.0\times10^{-3}\sim2.0\times10^{-2}$。

模型 2 为断裂倾角为 55°（图 5.13b），断裂带内的体积应变最大为 7.6×10^{-2}，断裂上盘花岗岩 2 的体积应变与断裂顶部距离 0.89 km，深部最大延伸至约 5.8 km，变化范围为 $5.0\times10^{-3}\sim2.0\times10^{-2}$。

模型 3 为断裂倾角为 60°（图 5.13c），断裂带内的体积应变最大为 7.5×10^{-2}，断裂上盘花岗岩 2 的体积应变与断裂顶部距离 0.58 km，深部最大延伸至约 5.9 km，变化范围为 $5.0\times10^{-3}\sim2.0\times10^{-2}$。

模型 4 为断裂倾角为 65°（图 5.13d），断裂带内的体积应变最大为 7.7×10^{-2}，断裂上盘花岗岩 2 的体积应变与断裂顶部距离 0.41 km，深部最大延伸至约 5.9 km，变化范围为 $5.0\times10^{-3}\sim2.0\times10^{-2}$。

模型 5 为断裂倾角为 70°（图 5.13e），断裂带内的体积应变最大为 8.2×10^{-2}，断裂上盘花岗岩 2 的体积应变与断裂顶部距离 0.29 km，深部最大延伸至约 5.9 km，变化范围为 $5.0\times10^{-3}\sim1.5\times10^{-2}$。

模型 6 为断裂倾角为 75°（图 5.13f），断裂带内的体积应变最大为 8.5×10^{-2}，断裂上盘花岗岩 2 的体积应变与断裂顶部距离 0.17 km，深部最大延伸至约 5.9 km，变化范围为 $5.0\times10^{-3}\sim1.0\times10^{-2}$。

模型 7 为断裂倾角为 80°（图 5.13g），断裂带内的体积应变最大为 8.8×10^{-2}，断裂上盘花岗岩 2 的体积应变与断裂顶部接触，深部最大延伸至约 5.7 km，变化范围为 $5.0\times10^{-3}\sim1.0\times10^{-2}$。

模型 8 为断裂倾角为 85°（图 5.13h），断裂带内的体积应变最大为 8.9×10^{-2}，断裂上盘花岗岩 2 的体积应变也与断裂顶部接触，深部最大延伸小于 5.6 km，变化范围为 $5.0\times10^{-3}\sim1.0\times10^{-2}$。

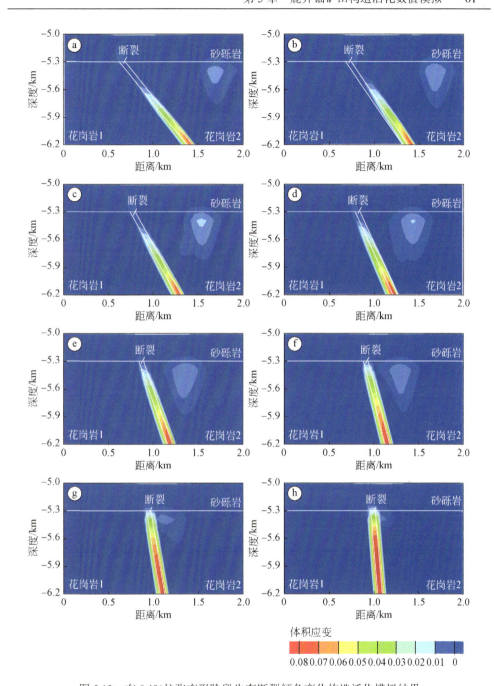

图 5.13　在 0.1%拉张变形阶段先存断裂倾角变化构造活化模拟结果

a.模型 1 的断裂倾角为 50°；b.模型 2 的断裂倾角为 55°；c.模型 3 的断裂倾角为 60°；d.模型 4 的断裂倾角为 65°；
e.模型 5 的断裂倾角为 70°；f.模型 6 的断裂倾角为 75°；g.模型 7 的断裂倾角为 80°；h.模型 8 的断裂倾角为 85°

2. 0.5%拉张变形阶段先存断裂倾角变化构造活化模拟结果

如图 5.14，0.5%拉张构造变形阶段存断裂倾角模拟结果显示，模型 1 至 7 的体积应变与 0.1%拉张构造变形阶段体积应变分布类似，主要分布在断裂内和断裂上盘的花岗岩 2 中。

模型 1 为断裂倾角为 50°（图 5.14a），断裂内的体积应变最大为 2.7×10^{-1}，断裂上盘花岗岩 2 的体积应变与断裂顶部距离 0.89 km，深部最大延伸至约 5.7 km，变化范围为 $2.5 \times 10^{-2} \sim 7.5 \times 10^{-1}$。

模型 2 为断裂倾角为 55°（图 5.14b），断裂内的体积应变最大为 2.8×10^{-1}，断裂上盘花岗岩 2 的体积应变与断裂顶部距离 0.79 km，深部最大延伸至约 5.8 km，变化范围为 $2.5 \times 10^{-2} \sim 1.0 \times 10^{-1}$。

模型 3 为断裂倾角为 60°（图 5.14c），断裂内的体积应变最大为 2.9×10^{-1}，断裂上盘花岗岩 2 的体积应变与断裂顶部距离 0.60 km，深部最大延伸至约 5.8 km，变化范围为 $2.5 \times 10^{-2} \sim 1.0 \times 10^{-1}$。

模型 4 为断裂倾角为 65°（图 5.14d），断裂内的体积应变最大为 3.0×10^{-1}，断裂上盘花岗岩 2 的体积应变与断裂顶部距离 0.45 km，深部最大延伸至约 5.8 km，变化范围为 $2.5 \times 10^{-2} \sim 1.0 \times 10^{-1}$。

模型 5 为断裂倾角为 70°（图 5.14e），断裂内的体积应变最大为 3.2×10^{-1}，断裂上盘花岗岩 2 的体积应变与断裂顶部距离 0.34 km，深部最大延伸至约 5.9 km，变化范围为 $2.5 \times 10^{-2} \sim 7.5 \times 10^{-1}$。

模型 6 为断裂倾角为 75°（图 5.14f），断裂内的体积应变最大为 3.3×10^{-1}，断裂上盘花岗岩 2 的体积应变与断裂顶部接触，深部最大延伸至约 5.9 km，变化范围为 $2.5 \times 10^{-2} \sim 1.0 \times 10^{-1}$。

模型 7 为断裂倾角为 80°（图 5.14g），断裂内的体积应变最大为 $3.4×10^{-1}$，断裂上盘花岗岩 2 的体积应变与断裂顶部接触，深部最大延伸至约 5.7 km，变化范围为 $2.5×10^{-2}～5.0×10^{-1}$。

模型 8 为断裂倾角为 85°（图 5.14h），断裂内的体积应变最大为 $3.4×10^{-1}$，断裂上盘花岗岩 2 的体积应变也与断裂顶部接触，深部最大延伸小于 5.4 km，变化范围为 $2.5×10^{-2}～5.0×10^{-1}$。

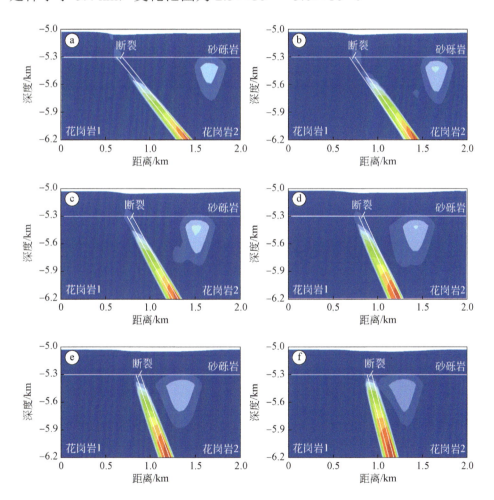

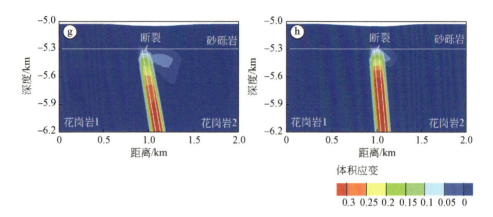

图 5.14　在 0.5%拉张变形阶段先存断裂倾角变化构造活化模拟结果

a.模型 1 的断裂倾角为 50°；b.模型 2 的断裂倾角为 55°；c.模型 3 的断裂倾角为 60°；d.模型 4 的断裂倾角为 65°；
e.模型 5 的断裂倾角为 70°；f.模型 6 的断裂倾角为 75°；g.模型 7 的断裂倾角为 80°；h.模型 8 的断裂倾角为 85°

第6章 华南花岗岩型铀矿床流体动力学数值模拟

6.1 模型建立

在本研究中，基于华南花岗岩型铀矿床的基本地质特征，我们构建了一个带有和一个不带有岩浆的二维概念模型来探究在不同驱动下的流体流动模式及其对铀成矿的影响（图6.1）。不含岩浆的基本模型（模型1）总长度为12 km，深度7 km，由高渗透性的断陷红盆和断裂带及低渗透性的花岗岩三个部分组成（图 6.1a）。断陷红盆厚度为1 km，底部宽度为6 km。沿着红盆和花岗岩的接触面向深部存在两条长2 km，宽200 m，倾角为60°的断裂带。带有岩浆的基本模型（模型2）在不含岩浆的模型（模型1）的基础上，在模型底部划分出了一个尺寸为1 km×0.5 km的"岩浆"单元，用来代表供应基性岩脉的岩浆房（图6.1b）。

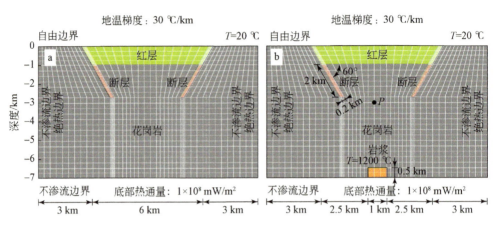

图 6.1 华南花岗岩型铀矿床的二维简化地质模型及边界条件设置

a.无岩浆模型（模型 1）; b. 带岩浆模型（模型 2）; P 点为观测点

6.2 参数设置

在模拟过程中，模型中所有地质单元都被视为均质各向同性，且可以通过赋予不同的物理参数来表现不同岩石的性质。表 6.1 给出了本次模拟所使用的力学参数、水力参数和热参数。"岩浆"单元的温度设定为 1200 ℃，在模拟岩浆冷却的过程中可以随着时间的推移而自然降温。此外，岩浆被认为是一种不可渗透的物质，我们给它赋予了极低的孔隙度和渗透率（Eldursi et al.，2009）。本研究中也不考虑模拟过程中岩浆的变形，这可以通过固定岩浆单元并赋予极低的热膨胀系数来实现。模拟过程中，除了定义了流体密度与温度线性相关外，流体和地质单元的所有参数在模拟过程中均保持不变。

表 6.1　数值模拟中的岩石物理力学参数、水力参数和热参数

参数	红层	花岗岩	断层	岩浆	水
密度/（kg/m³）	2500	2570	2400	2720	1000*
体积模量/MPa	1.67×10^4	3.60×10^4	2.30×10^2		
剪切模量/MPa	1.25×10^4	1.30×10^4	30		
内聚力/MPa	15	40	1		
抗拉强度/MPa	1.5	13.3	0.5		
摩擦角/（°）	20	30	15		
剪胀角/（°）	3	2	4		
孔隙度	0.20	0.15	0.30	0.001	
渗透率/m²	2.0×10^{-14}	5.0×10^{-15}	1.0×10^{-13}	1.0×10^{-24}	
热导率/[W/（m·℃）]	3.0	3.0	2.5	2.5	0.6
热膨胀系数/℃⁻¹	1.16×10^{-5}	7.9×10^{-6}	1.39×10^{-5}	1×10^{-20}	1.85×10^{-3}
比热容/[J/（kg·℃）]	840.0	800.0	803.0	1090.0	4185.0

注：*此处为参照流体密度，模拟中的流体密度随温度变化，通过波希尼斯克（Boussinesq）方程定义。

6.3　初始条件和边界条件

整个模型都被视为均值饱水的，并将静水压力梯度设置为初始孔隙水压力。以 20 ℃的地表温度和 30 ℃/km 的地温梯度对模型的温度进行初始化，并将模型顶部温度固定在 20 ℃（地表）（图 6.1）。为了维持该地温梯度，模型底部被施加了 108 mW/m² 的热通量（图 6.1）。在 FLAC3D 中，模型的初始温度分布是在仅打开热模块的条件下建立的，并进行了热平衡。

所有模型中，除了顶部边界的流体流动不受限制外，其他边界均不允许流体流动，且模型的左右边界均为绝热边界（图6.1）。由于本次研究采用的是 2D 模型，所以将整个模型的 Y 方向固定。模型顶部边界被允许在任何方向上移动，但底部边界只允许水平方向上的移动（X 方向），以此来模拟构造变形过程中的地形起伏。在模拟之前，将模型引入到静岩应力条件下来模拟地应力平衡。地应力平衡后，通过在模型左右边界施加恒定的水平边界加载速度来模拟拉伸变形。在模拟过程中，我们给定了三个边界加载速度（1×10^{-10} m/s、1×10^{-11} m/s 和 1×10^{-12} m/s）分别来模拟相对快速、中等、缓慢的拉伸变形。

6.4　模　拟　结　果

6.4.1　热对流

我们将仅热对流的模型作为基础模型，用于检验热传递和拉伸变形之间的相互作用。该模型的初始温度分布为地温梯度，但热对流模型中受到岩浆热源的影响。如图 6.2 所示，仅在热对流模式下，经过 6.4 万年后，模型 2 中间 P 点位置温度达到了 200 ℃。此时在花岗岩中发育了两个对流单元，沿着模型的中轴线呈对称分布（图6.2）。浅部的大气降水流经花岗岩然后循环至深部，深部流体则通过断裂带或直接循环至红盆中，模型的中间，即岩浆单元的上方，是上升流的中心。断裂带内的流速在整个模型中是最大的，为 2.30×10^{-11} m/s，红盆中的最大流速为 3.34×10^{-12} m/s，花岗岩中的最大流速为 1.30×10^{-11} m/s。在岩浆热源的影响下，模型中形成了一个典型的以岩浆熔体为中心的岩浆热场，模型的温度分布模式为从岩浆以近半圆形向地表递减，且越靠近岩浆，温度梯度越高（图 6.2）。

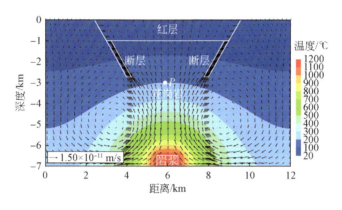

图 6.2　热对流模拟结果

6.4.2　正常地温梯度下的拉伸变形模拟

以热对流的模拟时间为标准，我们对模型 1 测试了 3 种不同程度的伸展变形作用对流体流动的影响。经过 6.4 万年后，模型所处的体积应变增量阶段为 3.9%（边界加载速度 1×10^{-10} m/s）、0.39%（边界加载速度 1×10^{-11} m/s）和 0.04%（边界加载速度 1×10^{-12} m/s），它们对应的体积应变分布模式、流体流动模式和温度分布如图 6.3 所示。结果表明，受伸展变形作用和热膨胀的影响，模型整体处于膨胀状态，即使部分位置被压缩了（图 6.3a，c，e）。三个结果所展示的体积应变值存在数量级上的差异，快速拉伸作用下的模型的体积应变值比中等拉伸作用下和缓慢拉伸作用下模型分别大 1 个和 2 个数量级（图 6.3a，c，e 及其图例）。显著的扩容区主要沿着先存断裂带发育，可以发育至地表（图 6.3a，c，e）或至约 5.5 km 深处（图 6.3a，c），这与伸展变形的程度有关。整个系统的流体流动模式由下行流主导。断裂带充当了浅部流体下渗的主要通道，断裂带内的流体流速也是整个模型中最大的，一般比花岗岩内的最大流速大约 1～3 个数量级。较快的伸展变形的模型中可以观察到深部发育的扩容内有流体汇聚的现象（图 6.3a，c），而缓慢拉伸变形模型中没有（图 6.3e）。和上述提到的体积应变值的差异一样，模型中的最大流体流速也与拉伸变形程度密切相关，以快速拉伸变形下的模型中的最大（4.21×10^{-10} m/s，图 6.3a），比其他两个模型中的最大流速（6.64×10^{-11} m/s，中等拉伸变形；4.64×10^{-12} m/s，缓慢拉伸变形）大 1 或 2 个数量级（图 6.3c，e）。快速伸展变形下模型的地表地形起伏很明显，可以在红盆位置观察到很显著凹陷区（图 6.3a），而其他两个模型的地形变化很微弱（图 6.3c，e）。三个模型之间的温度分布差异和它们之间的地形差异相似，但与初始温度梯度差异不大，没有观察到很明显的温度异常（图 6.3b，d，f）。

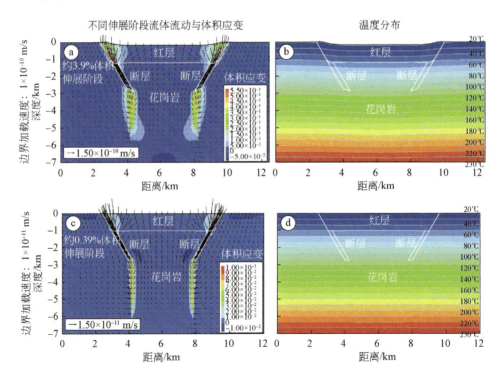

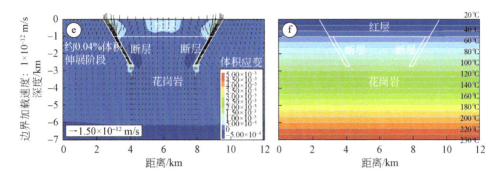

图 6.3　在正常地温梯度下的三种不同程度伸展变形的模拟结果

6.4.3　有热异常下的拉伸变形模拟

在热对流的模拟中，模型中建立了由岩浆热源驱动的热对流（图 6.2）。在这个场景中，我们把 3 种不同程度的伸展变形加入到模拟中，以检验它们对热对流的影响。模拟的时间尺度依旧为 6.4 万年，模拟结果 6.4 所示。

由于拉伸变形和热膨胀的作用，在该模拟结果中仍然可以看到和图 6.3 中相似的模型膨胀和体积应变分布模式，但模型的整体膨胀更显著，且与温度密切相关，即在靠近岩浆的位置可以看到最显著的热膨胀，而断裂带则依旧控制了与变形有关的膨胀（图 6.4）。拉伸变形影响了热对流的发育，在快速拉伸的模型中，流体流动依旧由变形主导，流体流动模式与图 6.3a 相似，扩容内有流体汇聚的现象，最大流速位于断裂带内（3.71×10^{-10} m/s）（图 6.4a）；在中等拉伸的模型中，浅部的流体流动（约 <3 km）由变形主导，而深部则以热对流主导，同时也观察到了流体在扩容区内汇聚，最大流速位于断裂带内（6.04×10^{-11} m/s）（图 6.4c）；在缓慢拉伸的模型中，流体流动由热对流主导，流体流动模式与热对流模拟结果（图 6.2）相似，最大流速出现在断裂带和模型底部（$1.35 \times$

10^{-11} m/s)（图 6.4e），比相同程度下的伸展变形模拟结果大一个数量级（图 6.3e）。三个模型的温度分布和地形起伏差异不大，仅在快速拉伸模型中见较明显的地形起伏，以及由它导致的等温线变化。此外，该模拟中快速伸展变形模型的地形变化（图 6.4a）不如上一情景同模型中的地形变化明显（图 6.3a）。

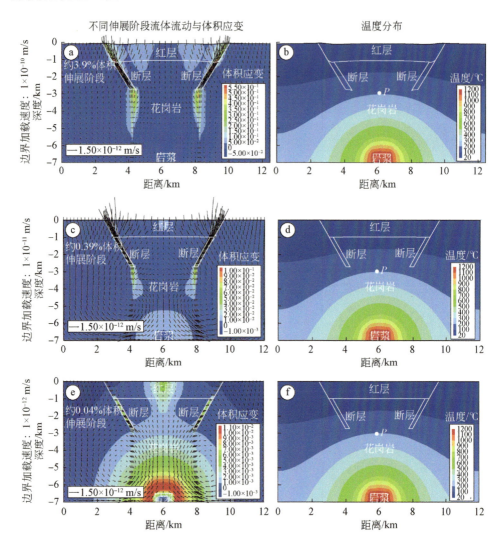

图 6.4　有热异常时三种不同程度伸展变形的模拟结果

6.4.4　拉伸变形后热对流

该场景紧接着上一场景，模型 2 变形停止后，岩浆单元温度依旧保持 1200 ℃时对流体流动模式的影响。模拟结果表明，无论模型之前变形到哪一程度，热对流是否被拉伸变形破坏，在岩浆热源的作用下，模型中很快就能重建和热对流模拟结果（图 6.2）相似的流体流动模式。该模拟结果未在文中展示。

6.4.5　拉伸变形后岩浆冷却

该场景的模拟与上一场景相似，但停止变形后，不再固定岩浆单元的温度，使其自然冷却，而是让流体流动持续进行。模拟结果表明，在岩浆冷却过程中（如冷却 25 万年后），当模型中还存在受岩浆热源影响的水平地温梯度，热对流就可以保持（图 6.5a，c，e；图 6.6 a，c，e），但花岗岩内的流速较小，尤其在快速拉伸模型中（图 6.5a）；而当模型中的水平地温梯度消散后（如冷却 40 万年后，此时的地温梯度可能比初始地温梯度高），整个系统的流体流动则由拉伸变形导致的地形变化驱动，在快速拉伸模型和中等拉伸模型浅部最为显著（图 6.5b，d，f；图 6.6b，d，f）。三个模型中的最大流速均在断裂带内，但比先前的所有模拟结果中的最大流速都小 1～3 个数量级。此外，在快速拉伸模型中，观察到岩浆冷却 40 万年后流体流速比冷却 25 万年后大（图 6.5a，b），但其他两组模型中的流体流速差异不大（图 6.5c，d，e，f）。

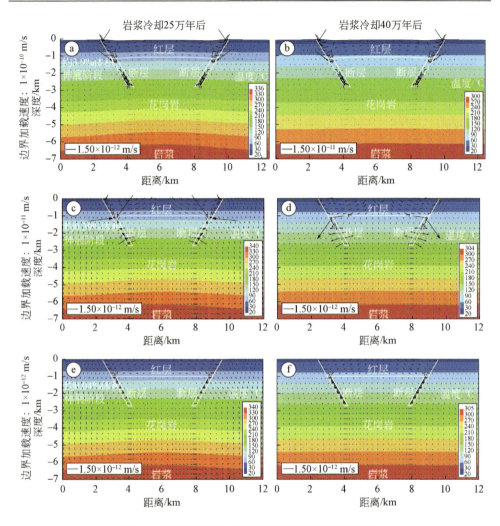

图 6.5 拉伸变形停止后接着岩浆冷却的模拟结果

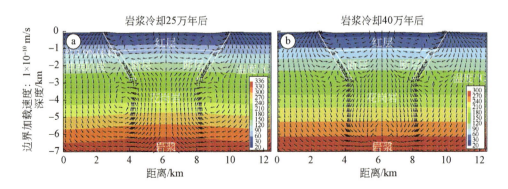

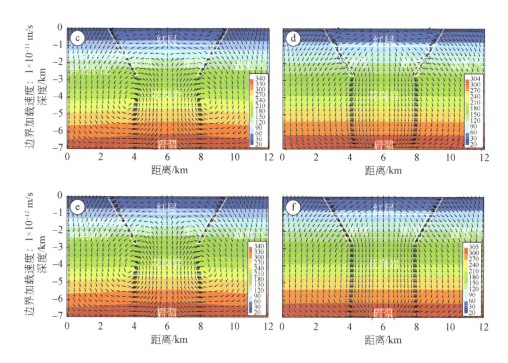

图 6.6　拉伸变形停止后接着岩浆冷却的模拟结果

箭头仅表示流速方向，不代表流速大小

第7章 基于机器学习的诸广山铀矿潜力评价

华南地区铀资源又以桃山-诸广山成矿带为主，其中诸广山复式岩体是我国花岗岩型铀矿较多的地方，铀矿资源十分丰富，现在已经发现了很多大型的矿床，如361矿床、棉花坑矿床。诸广山复式岩体位于江西西南部、广东北部和湖南东南部三省接壤区域内，位于南岭东西向构造带和万洋山-诸广山南北向构造带的复合部位，该研究区已经发现了大量铀矿床和许多富铀岩体，如三江口、长江、企岭、白云、江南等岩体。但燕山期的九峰岩体、红山岩体、茶山岩体的产铀潜力未知。首先通过收集华南花岗岩体岩石元素分析数据，对特征变量进行特征重要性度量和皮尔逊相关性分析，选取元素特征变量，运用随机森林和 K-近邻算法分别构建岩体含矿潜力的判别模型，对两种算法进行横向上的调整参数优化对比，选取泛化能力最佳的机器学习模型。然后，运用泛化能力最佳的机器学习模型对三个岩体进行判别，评价其铀成矿潜力，为以后的找矿勘查提供科学依据。

7.1 花岗岩地球化学数据集

从已公开发表的文献中收集了来自华南不同花岗岩岩体的1724条主、微量元素数据，建立了花岗岩主、微量元素地球化学数据集。具体选取的岩体主要包括：印支期的江南岩体、白云岩体、乐洞岩体、寨地岩体、龙华山岩体、棉土窝岩体、油洞岩体、大窝子岩体、古亭岩体、桃金洞岩体，燕山期的九峰岩体、红山岩体、茶山岩体、三江口岩体、长江岩体、企岭岩体、赤坑岩体、百顺岩体、日庄岩体，以及印支期和燕山期复式岩体，包括棉花坑岩体、龙源坝岩体、粤北贵东复式岩体、桃山复式岩体等。

这些花岗岩地球化学数据使用电子探针（EPMA）和（激光剥蚀-）电感耦合等离子体质谱［(LA-) ICP-MS］等测试手段获得。由于数据来自不同的文献，所检测的元素也有所不同，考虑到并非所有的样品都测量了全部的元素含量，同时在主量元素中，Fe 有+3 价和+2 价，在测量中很难准确测定，结合我们在收集数据的过程中，FeO 数据缺失较多，所以我们选择 Fe_2O_3 作为研究数据，最终我们选定主量元素分别为 SiO_2、TiO_2、Al_2O_3、Fe_2O_3、MnO、MgO、CaO、Na_2O、K_2O、P_2O_5 等 10 种，微量元素分别为 Rb、Sr、Y、Zr、Hf、Nb、Ta、Ba、Th、U 等 10 种，共 20 种元素含量作为我们所研究的特征变量。据此对所收集的数据进行筛选，共筛选出 1711 条完整数据用来作为建立机器学习模型的数据集。将收集的 1711 条数据，根据研究者的采样点离铀矿床的远近，以及采样岩体中是否含有铀矿床，划分为 866 条含矿样本数据和 845 条不含矿样本数据，含矿的标为 1，不含矿的标为 0。另外单独收集九峰岩体、红山岩体和茶山岩体的数据（共 13 条），利用训练模型对九峰、红山和茶山岩体铀成矿潜力进行评价。本章研究中未对数据单位做出转换改变，主量元素单位为%，微量元素单位为 ppm（1ppm=1×10^{-6}）。

通过对数据集建立箱线槽口图，我们从图 7.1、图 7.2 中可以看出，主量元素中 SiO_2 数据值的分布比较集中，含量较高，MnO 含量较低，Al_2O_3、MnO 和 Na_2O 数据值分布区间比较分散，数据之间相差比较大

（图 7.1）。微量元素中，每种元素的数据分布比较均匀，其中 Rb 和 Ba 含量较高，Hf 含量较低（图 7.2）。

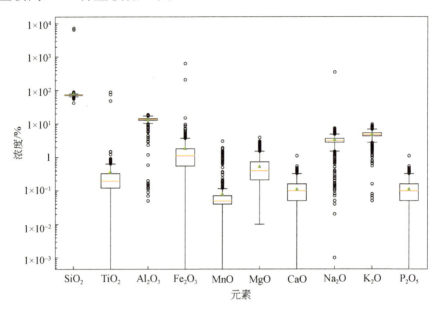

图 7.1　花岗岩主量元素槽口箱线图

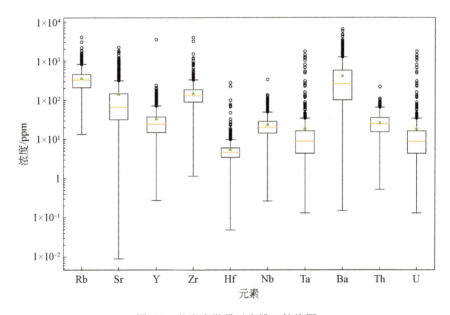

图 7.2　花岗岩微量元素槽口箱线图

7.2　机器学习方法

机器学习作为人工智能的一个核心领域,它是一门多个领域综合多个交叉学科来实现模式识别与数据挖掘的。机器学习模型的构建包括以下几部分:①根据数据分析挖掘任务的不同,确定所用任务模型(分类、聚类、回归);②建立适合数据挖掘任务的模型结构;③得到模型对数据的拟合度;④选择优化方法,对模型的泛化能力进行优化;⑤管理和储存模型结果。机器学习算法能够从复杂数据中自动提取特征信息并预测分析(Yu et al.,2019;Li et al.,2021c),按照所处理数据类型的不同,机器学习可以划分为监督学习和无监督学习,监督学习是指在某个特定的情况下规定计算机对变量输出的正确结果,从而期望计算机从这些特别规定中分析其中暗藏的联系,进而面对新的输入变量时也可以准确地给出正确的结果预测。在监督式学习下,规定的每组不同的训练数据样本都具有一个不同的标识值或结果值,称其为标签。在构建预测或分类模型的时候,监督式学习都会构建一个学习的过程,将预测的结果值与训练数据的标签值进行比较,不断地调整预测模型的内在固有参数变化,直到构建模型的预测结果达到一个较好的准确率(周永章等,2018)。常用的算法有支持向量机(陈永良等,2012;Rodriguez-Galiano et al.,2015)、随机森林(Rodriguez-Galiano et al.,2015;Vincenzi et al.,2011)、朴素贝叶斯分类器(Vincenzi et al.,2011),以及人工神经网络(Brown et al.,2000;Harris et al.,2003;Izadi et al.,2013)等。无监督学习算法一般用于不包含任何标签信息的数据,是指在输入变量时没有给出特定的输出结果,不需要给输入变量特定的标签(即不用提前对不同的岩性和矿床类别进行标记），而是希望计算机从数据中深度挖掘其中有价值的信息，自己进行信息的总结、分析归类，进而得到一个准确率较高的预测结果。在无监督式学习中，数据并没有特定地去对一些结果值标记为标签，而构建学习模型的目的是让其自己推理出数据的某些固有结构或特征，无监督学习方法往往可以被用作探索式的研究，而非作为在大规模的自动系统中使用的一部分。另外一个常用的非监督学习方法是在有监督的算法中用作对数据的预处理步骤。常见的算法有聚类方法（Hu et al.，2023）、主成分分析（Zhang et al.，2021c）、奇异值分解（Tănăsescu and Popescu，2019）等。

7.2.1　随机森林算法

在过去的几年中，随机森林已成为许多科学领域中流行且广泛使用的非参数回归工具。它能显示出很高的预测准确性，甚至适用于具有高度相关变量的高维问题。随机森林是由 Breiman（2001）提出的一种分类和回归算法的集成学习算法，主要不同之处在于它们在归纳过程中引入随机扰动，它通过自助法（bootstrap）重采样技术，在原始训练样本集合 N 中有放回地重复随机选择 N 个样本，形成新的原始训练样本集合训练决策树，再经由上述过程产生的 m 棵决策树组成随机森林，新数据的划分结果按分类树投票数量产生的分值而定。其实质是对决策树算法的一个改良，将数个决策树整合在一块，每棵树的构建依赖于单独提取的样本。单棵树的分类能力可能很小，但在随机产生大量的决策树后，一个测试样本可以通过每一棵树的分类结果经统计后选择最可能的分类。树的归纳使用随机分割，直到所有节点都是纯的，或者直到不再可能绘制不同输出值的样本。随机森林算法可以采用一系列方法来选择模型的最优划分性能，比如信息增益和基尼系数；采用参数的调整来选择最优的泛化模型等。

对于预测结果，集成多个决策树的预测结果（通过投票或取平均值）已被证明远优于单棵树；装袋法（bagging）则利用了个体树预测不稳定但整体平均值趋于正确的特性。构建随机森林的分类树是递归构建的，因为下一个拆分变量是通过当前节点内的局部优化标准来选择的。建立该模型的过程可以分为以下几个步骤：①首先把数据集按照 7∶3 的比例划分为训练集数据和测试集数据，从训练集中有放回的随机选取训练集 2/3 的数据作为样本集，剩下的 1/3 的数据则就是袋外数据；②在建立模型中设置要选取的最大特征参数和构建的决策树的个数，建立模型；③选取对模型性能最佳的参数，然后每棵树对测试集数据进行测试，评估结果便是预测结果（黄鑫怀等，2022）。

随机森林比决策树对离群值和不平衡的数据集具有更强大的性能，可扩展且能够处理数据集中的非线性趋势，它不需要对特征变量的数据特征分布和范围进行限制，所以随机森林不需要对特征进行缩放或修改，它可以适用于任何数据源。在随机森林中树的随机化的方法有两种：一种是通过选择用于构造树的棵数，一种是通过选择每次划分选取最大特征的个数。随机森林是以 N 个决策树为基本分类器，进行集成学习后得到的一个组合分类器。当输入待分类样本时，随机森林输出的分类结果由每个决策树的分类结果简单投票决定（董师师和黄哲学，2013）。此外，在研究者无法独立操控预测变量的非实验科学研究中，区分变量的边际效应与条件效应至关重要，而随机森林能自动计算各特征变量在模型中的相对重要性（Breiman，2004）。

7.2.2 *K*-近邻算法

K-近邻算法（KNN）是监督学习的一种，常用于分类和回归问题，是基于与目标模式 *x* 最近的模式（我们为其寻找标签）提供有用的标签信息的思想（Poibeau et al.，2007）。为此，我们必须能够在数据空间中定义相似度度量。*K*-近邻算法的核心思想是，在给定的已知标签的样本集上寻找与待测识别样本相距最近的 *K* 个样本，这些样本中的标签众数的那一个标签，即为该待测样本的分类标签（殷小舟，2009）。本研究中，数据点间的远近定义为欧氏距离 *d*，即以 *X*、*Y* 表征任意两数据点的位置，其在 *n* 维空间上的公式如下：

$$d(X, y) = \sqrt{\sum_{i=1}^{n}\left(X_i - Y_i\right)^2} \tag{7.1}$$

K-近邻算法作为一种广泛应用于不同领域的流行方法，其核心思想是在特征空间中寻找 *K* 个最近邻样本。尽管相对于其他机器学习方法原理较为简单，且无需对数据分布做特定假设，但仍能提供良好的预测性能。*K*-近邻算法的计算过程主要分为以下几个步骤：①计算待分类的数据点和已经知道类别的数据点之间的距离，并且按照距离的远近排序；②选取要分类点与已知类别点距离较小的 *N* 个数据点；③确定 *N* 个数据点所出现在类别中的频数；④前 *N* 个数据点出现次数最多的类别作为待分类点的预测类别。

在 *K*-近邻算法中，我们最需要注意的关键就是参数 *K* 值的选择，*K* 值的选择对最终模型预测的结果会产生直接的影响，*K* 的选择定义了 *K*-近邻算法的局部性。当 *K*=1 时，区域内出现小邻域，不同阶层的图案分散在区域内。对于较大的邻域大小，例如 *K*=20，标签处于少数的模式将被忽略。如果 K 值选择得过小，就意味着整体模型变得复杂，容易产生过拟合（Poibeau et al.，2007）。如果选择的 K 值较大，就相当于用较大领域中的训练实例进行预测，就意味着模型过于简单，学习的近似误差会增大，是不可取的。因此，K 值的选择对于模型的泛化能力十分重要。

7.3 特征变量与模型评价准则

7.3.1 特征变量分析

理论上不同元素的性质不同，在构建分类或回归模型时，特征变量之间有着不同的作用，不同的特征变量对模型的预测准确率有着不同的重要性，有些特征之间可能存在着共性或差异性。为了探明不同特征变量与构建模型之间的相关性，我们对上述的数据采取特征工程研究，以达到对重要特征变量的筛选。特征变量的选择对模型的构建十分重要，特征变量过多或者过少都会对模型的泛化能力产生影响，特征变量过多则会增加学习算法运算的时间和运行内存的需要，而且还很可能导致模型过拟合；反之，特征变量如若过少，模型则会欠拟合，导致模型泛化能力降低（Hong et al.，2021；Sun et al.，2021）。本章对特征变量筛选的方法为随机森林算法的特征重要性度量和皮尔逊相关性分析。

1. 特征重要性度量

特征重要性度量是一种十分重要的数据筛选方式，是模型建立识别的一个很关键的问题。在用随机森林算法建立分类或回归模型时（Strobl et al.，2008），需要从众多的特征变量中对变量在分类或回归模型中占有的重要性识别，这就是特征重要性度量。在进行特征重要性度量时，通常利用袋外数据（Chelgani et al.，2016；Wang et al.，2016），在袋外数据中可以先对某一个特征变量加入噪音，然后对比加入噪声前后模型的准确率，如果准确率大幅度地下降，则可表明该特征变量的重要性较高。通过这个方法则可以计算出模型中所有特征变量的重要程度，如果特征变量的重要性值越高，则表明这个特征变量对模型的精确性能的影响越大，占的比重越大。对于每个特征变量来说，重要性值的范围都是在[0，1]，0 表示"特征变量在模型构建中根本没有用到"，1 表示"特征变量在模型构建中完美预测目标值"，特征变量重要性求和始终为 1。

2. 皮尔逊相关性分析

随机森林模型对于各变量之间的相关性具有较高的敏感性，预测变量的强相关性会使得预测有偏差（Altmann et al.，2010；Nicodemus and Malley，2009）。为了避免偏差的产生，对特征变量进行皮尔逊相关性分析。皮尔逊相关系数是用来计算两个特征变量（X, Y）之间的数值特征的，两个变量之间的协方差 $\mathrm{COV}(X, Y)$ 和标准差 $\sigma_X \sigma_Y$ 的商定义为两个特征变量之间的总体皮尔逊相关系数 $\rho_{X, Y}$：

$$\rho_{X, Y} = \frac{\mathrm{COV}(X, Y)}{\sigma_X \sigma_Y} \tag{7.2}$$

$$\mathrm{COV}(X, Y) = E\left[(X - \mu_X)(Y - \mu_Y)\right]$$

$$\sigma_X = \sqrt{E\left[(X - \mu_X)^2\right]}$$

$$\sigma_Y = \sqrt{E\left[(X - \mu_Y)^2\right]}$$

式中，$\rho_{X, Y}$ 为总体皮尔逊相关系数，取值范围为 [-1，1]，1 表示完全正相关，-1 表示完全负相关，0 表示无线性相关性；E 为期望（均值）运算符，表示对随机变量的概率加权平均；μ_X、μ_Y 分别为 X 和 Y 的总体均值（期望值）。

式（7.2）定义了总体相关系数，估算样本的协方差和标准差，可得到样本皮尔逊相关系数 r：

$$r = \frac{\sum_{i=1}^{n}(X_i - \bar{X})(Y_i - \bar{Y})}{\sqrt{\sum_{i=1}^{n}(X_i - \bar{X})^2}\sqrt{\sum_{i=1}^{n}(Y_i - \bar{Y})^2}} \qquad (7.3)$$

式中，r 为样本皮尔逊相关系数，是总体相关系数 $\rho_{X,Y}$ 的估计值，同样取值范围为 [-1，1]；X_i、Y_i 为第 i 个样本点的观测值（i=1，2，…，n），n 为样本数量；$\bar{X}$、$\bar{Y}$ 为样本均值；$\sqrt{\sum_{i=1}^{n}(X_i - \bar{X})^2}$ 为 X 的样本标准差；$\sqrt{\sum_{i=1}^{n}(Y_i - \bar{Y})^2}$ 为 Y 的样本标准差。

样本皮尔逊相关系数反映了两个特征变量之间相关性的大小，取值范围为 [-1，1]。系数的值为 1 意味着所有的数据点都很好地落在一条直线上，表明两个变量之间正相关性极强，系数的值为-1 意味着两个变量之间是呈负相关的，相关性极强会影响模型的泛化能力。系数的值为 0 意味着两个变量之间没有线性关系，两个变量之间是独立存在的。一般而言，皮尔逊相关系数大于 0.6 或小于-0.6 时，都表明两者具有较强的相关性（Chelgani et al.，2016；Matin and Chelgani，2016）。

7.3.2　模型评价准则

本章采用测试集上的模型精确率（Precision）、召回率（Recall）、受试者工作特征（ROC）曲线来评价模型的分类效果（郑泽宇，2019），精确率体现了模型对阴性样本的区分能力，即精确率越高，模型区分能力越强；召回率体现了分类模型对阳性样本的判别能力，即召回率越高，模型判别能力越强；ROC 曲线是反映敏感性和特异性连续变量的综合指标，用构图法揭示敏感性和特异性的相互关系，它通过将连续变量设定出多个不同的临界值，从而计算出一系列敏感性和特异性，再以敏感性为纵坐标、特异性为横坐标绘制成曲线，曲线下面积越大，诊断准确性越高。在 ROC 曲线上，最靠近坐标图左上方的点为敏感性和特异性均较高的临界值。AUC 值表示的是 ROC 曲线下方 X 轴与 Y 轴所形成的面积，AUC 值越大，表明该模型的泛化能力越好；反之，泛化性能则越差。

7.4　结果与讨论

7.4.1　特征变量选择

本章将上述的 20 种主、微量元素作为特征变量，并对特征变量进行相关的选择分析。首先对特征变量进行重要性度量，采用收集的 1711 组数据生成随机森林模型，在生成模型的同时，已经对特征变量利用袋外数据进行特征重要性度量，特征变量重要性度量结果表明 U、Rb、Ba、K_2O 等元素对分类模型具有比较高的贡献值，P_2O_5 对模型的性能产生的贡献值最低（图 7.3），因此剔除 P_2O_5 的数据。

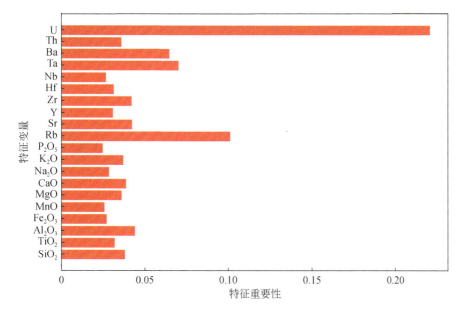

图 7.3　基于随机森林模型的重要性度量

在对 20 种元素进行皮尔逊相关性分析,从结果可以看出,Rb 和 Ta 具有较强的相关性,Ba 和 Sr 具有较强的相关性,因此我们认为 Rb 和 Ta、Ba 和 Sr 元素之间两者的数据重叠区域是较大的,我们只需要采用具有强相关性元素之中的一种即可;对于强相关性的特征的选取,我们结合图 7.3 的特征变量重要性度量结果来做出选择,从图 7.3 中可以看出 Rb 的重要性大于 Ta 的重要性,Ba 的重要性大于 Sr 的重要性,所以我们剔除 Ta、Sr 特征变量,保留 Rb、Ba 作为模型的特征变量。最后保留下来的特征变量元素有 SiO_2、TiO_2、Al_2O_3、Fe_2O_3、MnO、MgO、CaO、Na_2O、K_2O、Rb、Y、Zr、Hf、Nb、Ba、Th 和 U。

7.4.2　随机森林算法

本章采用全部数据集的 70% 作为训练集,用来生成随机森林模型,30% 的数据作为测试集,用来作为验证模型分类准确率的数据。对于随机森林模型，选择 Gini 指数和 CART 算法构建随机森林的决策树。

在随机森林模型的建立中，通常特征数 max_feature 和决策数的数量 n_eatimators 会对预测结果的精度产生影响。本实验先对 max_feature 参数在 1～6 的范围内，对数据集进行训练，然后来对模型的分类性能进行检测。图 7.4 表明最大特征个数为 3 的时候，该随机森林模型的分类准确率最佳。

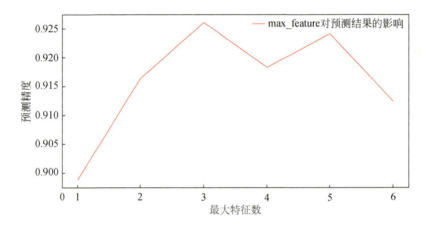

图 7.4　随机森林模型 max_feature 选取图

当最大特征数为 3 时，在决策树的数量为 100～1000 的范围内，对随机森林模型进行分类性能测试。图 7.5 表明构造树的个数为 400 时，该随机森林模型的分类准确率最佳。因此，该随机森林模型在此参数下（max_feature=3，n_estimators=400）分类性能达到最佳，此时在测试集上的分类精确率达到了 93%。

采用上述性能最佳的最大特征数为 3，构造树个数为 400 的随机森林模型，对数据集分类得到混淆矩阵结果（图 7.6）。混淆矩阵是用来评价分类精度的一种标准格式，混淆矩阵的每一列代表了分类模型中的一种预测类别，每一列的总数表示预测为该类别的数据的数目；每一行代表了数据的真实归属类别，每一行的数据总数表示该类别的数据实例的数目。每一列中的数值表示真实数据被预测为该类的数目，如 7.6 所示，第一行表示有 222 个含矿数据预测正确，21 个含矿数据预测错误，同理，第一行第二列的 21 表示有 21 个实际归属为含矿的实例被错误预测为第二类不含矿的实例。由图 7.5 知该模型此时分类准确率达到 93%。

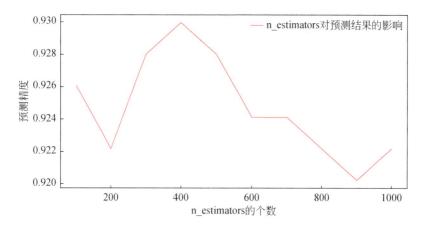

图 7.5　随机森林模型 n_estimators 选取图

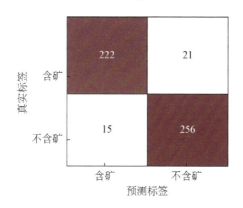

图 7.6　随机森林分类模型混淆矩阵图

7.4.3　*K*-近邻算法

在进行 *K*-近邻算法上，我们采用与随机森林算法一致的数据集（即进行过特征重要性度量和皮尔逊相关性分析筛选后保留的数据）。

在 K-近邻算法中，近邻数 K 的选择非常重要。本实验选取近邻数在 1~10 的范围内，对数据集在 K-近邻算法下进行分类准确率预测。结果如图 7.7 所示，在近邻数为 7 的时候测试集分类效果达到最佳，此时在测试集上的分类准确率达到了 81%。

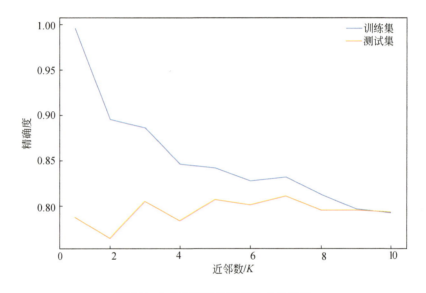

图 7.7 K-近邻算法的近邻数 K 选取图

图 7.8 为在近邻数为 7 时的情况下对数据集进行 K-近邻分类所得的模型的测试结果。第一行表示在一共 242 个样本中，199 个预测正确，43 个样本预测错误，即第一行 199 表示有 199 个实际为含矿的样本预测正确，43 表示有 43 个实际为含矿的样本被错误预测为不含矿。同理，第二行表示在 272 个样本中，218 个不含矿样本被正确预测，54 个不含矿样本预测错误，被预测为含矿样本，即第二行 54 表示有 54 个实际为不含矿的样本被预测为含矿，218 表示有 218 个实际为不含矿的样本预测正确。由图 7.8 可知该模型此时的预测准确率为 81%。

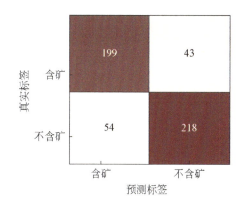

图 7.8　*K*-近邻算法的分类模型混淆矩阵图

7.4.4　模型评价

召回率曲线适用于对二分类变量的模型评价，即为所有正例中被正确预测的比例。ROC 曲线下面积（AUC）作为一种单一的量化指标，它能很好地反映分类模型的分类效果，AUC 的取值范围为 0 到 1，AUC 值越接近 1，则该模型的分类性能越好，反之，AUC 的值越小，则该模型的性能越差。

随机森林模型和 *K*-近邻模型的精确率-召回率曲线和 ROC 曲线如图 7.9、图 7.10 所示。综上可知，随机森林模型的分类精度为 0.93，AUC 值为 0.96，而 *K*-近邻模型的分类精确度为 0.81，AUC 值为 0.89，随机森林模型在此数据集上的分类性能明显强于 *K*-近邻模型。而召回率表示的是样本中的某类样本有多少被正确预测，召回率越高，特异性越小，也就是召回率曲线越靠近右上越好。所以，由图 7.9、7.10 可知，随机森林模型在此数据集的分类性能优于 *K*-近邻模型。

另外数据精度和数据量也会造成预测结果的不确定性。数据集是所有机器学习系统的关键成分，数据量过少、数据收集不全面、特征变量不完整都可能造成预测结果的不确定性。同时，数据的精度会受到分析方法及检出限高低的影响，如 LA-ICP-MS 数据的分析精度比 EPMA 要高，在数据集进行前处理的过程中会造成噪声，进而对预测结果的准确性也会产生影响。

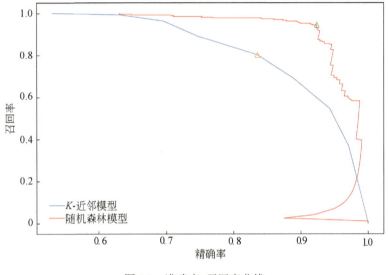

图 7.9　准确率-召回率曲线

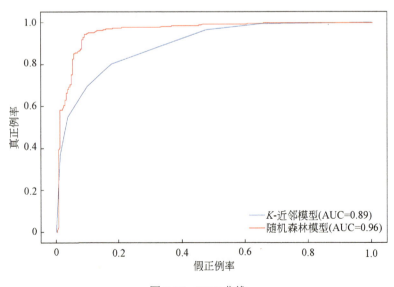

图 7.10　ROC 曲线

7.5　成矿潜力评价分析

用上述建立的分类性能较好的随机森林模型对研究区九峰岩体、红山岩体及茶山岩体采样点数据进行预测，结果如表 7.1 所示。

表 7.1　九峰、红山和茶山岩体随机森林模型预测结果

	编号	不含矿概率/%	含矿概率/%	预测结果
九峰岩体	06168	64	36	0
	06170	86	14	0
	06171	89	11	0
	06172	93	7	0
	06173	84	16	0
红山岩体	0629	17	83	1
	0631	11	89	1
	0632	10	90	1
	0633	10	90	1
	0635	9	91	1
茶山岩体	06184	4	96	1
	06185	3	97	1
	06186	1	99	1

九峰岩体采样点，不含矿概率分别为 64%、86%、89%、93% 和 84%，九峰岩体位于诸广山主成矿区的 NE 向，远离主成矿区，九峰岩体 5 个采样点中 4 个不含矿率都超过了 84%，认为该岩体的含矿率较低，而且已有前人研究认为九峰岩体碱度率低，不利于铀矿的富集，而现在在九峰岩体还未发现铀矿，所以认为九峰岩体为不产铀岩体（田泽瑾，2014；张丽，2017；Zhang et al.，2017）。红山岩体采样点，含矿概率分别为 83%、89%、90%、90% 和 91%，红山岩体 5 个采样点中，每个采样点

含矿概率都超过了 80%，表明该区的含矿概率较大。茶山岩体采样点含矿概率分别为 96%、97% 和 99%，茶山岩体的 3 个采样点中，每个采样点的含矿概率都超过了 95%，所以该区的含矿可能性极大（兰鸿锋等，2020）。虽然当前在红山和茶山岩体中还未发现铀矿点，但未来应当作为找矿勘查的重点。

7.6 本 章 小 结

本实验从特征变量选取分析、模型的构建及评价出发，进行研究区的含矿潜力预测，并对模型进行评价，对岩体的含矿概率进行划分。

（1）收集了 20 种地球化学元素作为特征变量进行研究，利用随机森林特征重要性度量和皮尔逊分析，最终选取了 17 种元素作为预测元素，U、Rb、Ba、K_2O 等元素具有较高的重要性。

（2）基于随机森林、K-近邻算法开展华南花岗岩型铀矿潜力评价，采用精确率、召回率、受试者工作特征（ROC）曲线来对模型泛化能力进行评价，通过 ROC 曲线和 AUC 值表明随机森林模型的性能要高于 K-近邻模型。综合分析认为，随机森林模型在此研究中综合性能最好，随机森林模型中准确率达到了 93%，适用于研究区的潜力评价。

（3）基于随机森林优化模型对九峰、茶山和红山岩体进行含矿潜力预测，九峰岩体 5 个采样点中 4 个不含矿率都超过了 84%；红山岩体 5 个采样点中，每个采样点含矿概率都超过了 80%；茶山岩体的 3 个采样点中，每个采样点的含矿概率都超过了 95%，划定红山岩体为一级含矿潜力区，茶山岩体为二级含矿潜力区，九峰岩体不含矿，为下一步矿产工作部署提供建议。

参 考 文 献

柏道远, 黄建中, 刘耀荣, 等. 2005. 湘东南及湘粤赣边区中生代地质构造发展框架的厘定[J]. 中国地质, 32(4): 33-46.

蔡煜琦, 张金带, 李子颖, 等. 2015. 中国铀矿资源特征及成矿规律概要[J]. 地质学报, 89(6): 1051-1069.

陈柏林, 高允, 申景辉, 等. 2022a. 粤北长江铀矿田控矿构造解析[J]. 地球科学, 47(1): 159-177.

陈柏林, 高允, 申景辉, 等. 2022b. 粤北长江铀矿田棉花坑断裂、油洞断裂特征及其与铀成矿关系[J]. 地质力学学报, 28(3): 367-382.

陈进, 毛先成, 刘占坤, 等. 2020. 基于随机森林算法的大尹格庄金矿床三维成矿预测[J]. 大地构造与成矿学, 44(2): 231-241.

陈军强, 曾威, 王佳营, 等. 2021. 全球和我国铀资源供需形势分析[J]. 华北地质, 44(2): 25-34.

陈琪, 高翔, 谭双, 等. 2020. 桂北苗儿山中段向阳坪铀矿床热液脉体地球化学特征及指示意义[J]. 岩石矿物学杂志, 39(6): 795-807.

陈伟林, 肖凡. 2022. 成矿动力学数值计算模拟研究进展: 理论、方法与技术[J]. 地质科技通报, 42(3): 234-249.

陈永良, 周斌, 李学斌. 2012. 基于 Boltzmann 机的矿产靶区预测[J]. 地球物理学进展, 27(1): 179-185.

陈佑纬, 胡瑞忠, 骆金诚, 等. 2019. 桂北沙子江铀矿床沥青铀矿原位微区年代学和元素分析: 对铀成矿作用的启示[J]. 岩石学报, 35(9): 2679-2694.

陈璋如, 刘耀宝. 1989. 双滑江铀矿床矿物——地球化学特征[J]. 铀矿地质, 1: 8-14.

陈振宇, 黄国龙, 朱捌, 等. 2014. 南岭地区花岗岩型铀矿的特征及其成矿专属性[J]. 大地构造与成矿学, 38(2): 264-275.

陈宗良. 2012. 南岭地区苗儿山预测区铀矿资源潜力评价[D]. 北京: 中国地质大学(北京).

邓平, 舒良树, 谭正中. 2003. 诸广-贵东大型铀矿聚集区富铀矿成矿地质条件[J]. 地质论评, 49(5): 486-494.

邓平, 任纪舜, 凌洪飞, 等. 2011. 诸广山南体燕山期花岗岩的锆石 SHRIMP U-Pb 年龄及其构造意义[J]. 地质论评, 57(6): 881-888.

董师师, 黄哲学. 2013. 随机森林理论浅析[J]. 集成技术, 2(1): 1-7.

杜乐天. 1996. 地壳流体与地幔流体间的关系[J]. 地学前缘, (4):13-21.

杜乐天. 2011. 中国热液铀矿成矿理论体系[J]. 铀矿地质, 27(2): 65-68, 80.

范洪海, 庞雅庆, 何德宝, 等. 2023. 华南花岗岩型铀矿成矿作用及成矿预测[J]. 地球学报, 44(5): 887-896.

方适宜, 范立亭, 朱康任, 等. 2007. 孟公界花岗岩型脉状铀矿床成矿构造研究及找矿预测[J]. 铀矿地质, (3): 138-144.

方适宜, 陈卫峰, 梁永东, 等. 2009. 双滑江铀矿床低温热液铀酰矿物富集成矿作用[J]. 铀矿地质, 25(5): 270-276, 311.

耿瑞瑞, 范洪海, 孙远强, 等. 2021. 湘赣边界鹿井铀矿床三维定量预测研究[J]. 地质论评, 67(2): 399-410.

郭春影, 秦明宽, 徐浩, 等. 2020. 广西苗儿山铀矿田张家铀矿床成矿时代: 沥青铀矿微区原位测定[J]. 地球科学, 45(1): 72.

韩娟, 王彦斌, 王登红, 等. 2011. 江西黄蜂岭铀矿床花岗岩时代、成因:锆石 U-Pb 年龄和 Hf 同位素证据[J]. 地质与勘探, 47(2): 284-293.

郝慧珍, 顾庆, 胡修棉. 2021. 基于机器学习的矿物智能识别方法研究进展与展望 [J]. 地球科学, 46(9): 3091-3106.

何世伟. 2022. 桂东北苗儿山张家花岗岩体成因以及铀赋存状态研究[D]. 南昌: 东华理工大学.

胡欢, 王汝成, 陈卫锋, 等. 2013. 桂东北豆乍山产铀花岗岩热液活动时限的确定与铀成矿意义[J]. 科学通报, 58(34): 4319-4328.

胡瑞忠, 毕献武, 苏文超, 等. 2004. 华南白垩—第三纪地壳拉张与铀成矿的关系 [J]. 地学前缘, 11(1): 153-160.

胡瑞忠, 毕献武, 彭建堂, 等. 2007. 华南地区中生代以来岩石圈伸展及其与铀成矿关系研究的若干问题[J]. 矿床地质, 2: 139-152.

黄宏业, 唐智源, 李大雁. 2012. 湖南孟公界地区铀矿综合找矿模型[J]. 铀矿地质, 28(3): 129-136, 141.

黄净白, 黄世杰. 2005. 中国铀资源区域成矿特征[J]. 铀矿地质, 3: 129-138.

黄沁怡, 李增华, 许德如, 等. 2021. 多过程耦合动力学数值模拟在热液矿床研究中的应用及发展前景[J]. 大地构造与成矿学, 45(6): 1146-1160.

黄少芳, 刘晓鸿. 2016. 地质大数据应用与地质信息化发展的思考[J]. 中国矿业, 25(8): 166-170.

黄世杰, 夏毓亮, 徐伟唱. 1985. 产子坪铀矿床成因机制的同位素地质学研究[J]. 铀矿地质, 5:10-18.

黄鑫怀, 李增华, 邓腾, 等. 2022. 基于机器学习的华南诸广山花岗岩体铀矿潜力评价[J]. 地球科学, 48(12): 4427-4440.

金景福, 倪师军, 胡瑞忠. 1992. 302 铀矿床热液脉体的垂直分带及其成因探讨[J].

矿床地质, 3:252-258.

兰鸿锋, 王洪作, 凌洪飞, 等. 2020. 粤北茶山岩体岩石成因与铀、钨成矿潜力探讨[J]. 地质学报, 94(4): 1143-1165.

李杰, 黄宏业, 刘子杰, 等. 2021a. 向阳坪铀矿床沥青铀矿微区原位 LA-ICP-MS U-Pb 年龄及稀土元素特征[J]. 地质科技通报, 40(1): 90-99.

李杰, 黄宏业, 刘子杰, 等. 2021b. 诸广中段鹿井地区辉绿岩 40Ar-39Ar 年代学特征[J]. 吉林大学学报(地球科学版), 51(2): 442-454.

李妩巍. 2016. 苗儿山铀矿田控矿断裂构造特征[J]. 世界核地质科学, 33(2): 78-83, 95.

李妩巍, 王敢, 许来生, 等. 2010. 沙子江铀矿床铀成矿条件分析及成因浅析[J]. 矿床地质, 29(S1): 143-144.

李妩巍, 陈卫锋, 朱康任. 2011a. 苗儿山地区中生代酸性脉岩地球化学特征及其成因[J]. 铀矿地质, 27(6): 337-344.

李妩巍, 王敢, 陈卫锋, 等. 2011b. 广西向阳坪地区剪切带与铀成矿作用[J]. 昆明理工大学学报(自然科学版), 36(5): 1-7.

李妩巍, 王敢, 许来生, 等. 2011c. 沙子江铀矿床走滑构造控矿规律及控矿机制[J]. 铀矿地质, 27(3): 146-151.

李先福, 李建威, 傅昭仁, 等. 1999a. 湘赣边区鹿井矿田走滑构造特征分析[J]. 大地构造与成矿学, 2: 24-30.

李先福, 李建威, 傅昭仁. 1999b. 湘赣边鹿井矿田与走滑断层有关的铀矿化作用[J]. 地球科学, 5: 476-479.

李献华, 李武显, 李正祥. 2007. 再论南岭燕山早期花岗岩的成因类型与构造意义[J]. 科学通报, 9: 981-991.

李小英. 2022. 广西铀矿资源特征与找矿潜力分析[J]. 铀矿地质, 38(2): 257-268.

李增华, 池国祥, 邓腾, 等. 2019. 活化断层对加拿大阿萨巴斯卡盆地不整合型铀矿的控制[J]. 大地构造与成矿学, 43(3): 518-527.

李子颖. 2006. 华南热点铀成矿作用铀矿地质[J]. 铀矿地质, 22(2): 6.

林锦荣, 李子颖, 胡志华, 等. 2016. 热液型铀矿空间定位的控制因素[J]. 铀矿地质, 32(6): 333-339.

凌洪飞. 2011. 论花岗岩型铀矿床热液来源——来自氧逸度条件的制约[J]. 地质论评, 57(2):193-206.

刘艳鹏, 朱立新, 周永章. 2018. 卷积神经网络及其在矿床找矿预测中的应用——以安徽省兆吉口铅锌矿床为例[J]. 岩石学报, 34(11): 3217-3224.

吕岩. 2021. 基于机器学习系列方法的铁矿化地球化学异常识别[D]. 长春: 吉林大学.

骆金诚, 齐有强, 王连训, 等. 2019. 粤北下庄铀矿田基性岩脉 Ar-Ar 定年及其与铀成矿关系新认识[J]. 岩石学报, 35(9): 2660-2678.

马铁球, 邝军, 柏道远, 等. 2006. 南岭中段诸广山南体燕山早期花岗岩地球化学特征及其形成的构造环境分析[J]. 中国地质, 1: 119-131.

潘春蓉. 2017 湖南羊角脑铀矿床地质特征及成因探讨[D]. 昆明: 昆明理工大学.

庞雅庆, 范洪海, 高飞, 等. 2019. 粤北诸广南部铀矿田流体包裹体的氢氩同位素组成及成矿流体来源示踪[J]. 岩石学报, 35(9): 2765-2773.

祁家明, 朱捌, 吴建勇, 等. 2019. 粤北仁化棉花坑铀矿床成矿热液演化及其对成矿过程的约束[J]. 岩石学报, 35(9): 2711-2726.

祁家明, 刘斌, 刘文泉, 等. 2022. 粤北花岗岩型铀矿盆岭耦合成矿过程与成矿动力探讨: 2[J]. 地质论评, 68(2): 571-585.

任洁. 2019. 鹿井铀矿床成矿规律[J]. 铀矿冶, 38(3): 165-170.

邵飞, 朱永刚, 郭湖生, 等. 2010. 鹿井矿田铀成矿地质特征及找矿潜力分析[J]. 铀矿地质, 26(5): 295-300.

邵飞, 许健俊, 邵上, 等. 2014. 华南花岗岩型铀矿地质特征及成矿作用[J]. 资源调查与环境, 35(3): 211-217.

石少华, 胡瑞忠, 温汉捷, 等. 2010. 桂北沙子江铀矿床成矿年代学研究: 沥青铀矿 U-Pb 同位素年龄及其地质意义[J]. 地质学报, 84(8): 1175-1182.

石少华, 胡瑞忠, 温汉捷, 等. 2011a. 桂北沙子江花岗岩型铀矿床碳、氧、硫同位素特征及其成因意义[J]. 矿物岩石地球化学通报, 30(1): 88-96.

石少华, 胡瑞忠, 温汉捷, 等. 2011b. 桂北沙子江铀矿床流体包裹体初步研究[J]. 矿床地质, 30(1): 33-44.

舒良树. 2012. 华南构造演化的基本特征[J]. 地质通报, 31(7): 1035-1053.

孙岳, 潘家永, 肖振华, 等. 2020. 诸广山中部鹿井铀矿田构造解析与找矿远景探讨[J]. 中国地质, 47(2): 362-374.

谭双, 刘成东, 沈以辉, 等. 2017. 广西向阳坪铀矿床矿物学特征与铀赋存状态研究[C]. 中国矿物岩石地球化学学会第九次全国会员代表大会暨第 16 届学术年会文集. 中国矿物岩石地球化学学会, 73.

谭双, 陈琪, 万建军, 等. 2022. 广西苗儿山铀矿田向阳坪矿床成矿时代研究[J]. 原子能科学技术, 56: 211-224.

田泽瑾. 2014. 诸广山产铀与不产铀花岗岩的年代学, 地球化学及矿物学特征对比研究[D]. 北京: 中国地质大学(北京).

王冰. 2016. 鹿井铀矿田牛尾岭矿床矿物学特征铀的赋存状态及成矿机制探讨[D]. 南昌: 东华理工大学.

王珂, 陈琪, 吴昆明, 等, 2021. 桂东北苗儿山地区花岗岩型铀矿田地质特征及成矿模式分析[J]. 东华理工大学学报(自然科学版), 44(6): 540-552.

王明太, 罗毅, 孙志富, 等. 1999. 诸广铀成矿区矿床成因探讨[J]. 铀矿地质, 5: 24-30.

王正其, 李子颖. 2007. 幔源铀成矿作用探讨[J]. 地质论评, 5: 608-615.

王正庆. 2018. 广西苗儿山花岗岩型铀矿床成矿机制研究[D]. 北京: 核工业北京地
质研究院.

吴德海, 夏菲, 潘家永, 等. 2019. 粤北棉花坑铀矿床热液蚀变地球化学特征与意
义[C]. 南京: 第九届全国成矿理论与找矿方法学术讨论会.

吴佳, 巫建华, 刘晓东. 2022. 桃山-诸广铀成矿带成岩成矿年代学研究进展及存
在问题[J]. 矿床地质, 41(2): 241-254.

吴昆明, 李大雁, 陈琪, 等. 2016. 广西向阳坪铀矿床成矿地质特征[J]. 铀矿地质,
32(4): 224-229, 245.

武国朋. 2020. 基于机器学习的集宁浅覆盖区钼多金属矿成矿预测与评价[D]. 北
京: 中国地质大学(北京),

夏宗强, 李伟林, 范洪海, 等. 2016. 华南花岗岩体外带上覆盆地型铀矿床地质特
征及成矿模式探讨[J]. 铀矿地质, 32(2): 99-103, 127.

徐浩, 蔡煜琦, 张闯, 等. 2018. 华南花岗岩型铀矿成矿地质特征及找矿预测模型
[J]. 铀矿地质, 34(2): 65-72, 89.

徐争启, 宋昊, 尹明辉, 等. 2019. 华南地区新元古代花岗岩铀成矿机制——以摩
天岭花岗岩为例[J]. 岩石学报, 35(9): 2695-2710.

许谱林, 唐湘生, 郭福生, 等. 2023. 华南鹿井铀矿田 NE 向 QF_2 断裂特征及其与
铀成矿关系探讨[J]. 大地构造与成矿学, 47(1): 98-114.

杨尚海. 2008. 南岭成矿带沙坝子矿床外围铀成矿特征与找矿前景[J]. 世界核地质
科学, 25(4): 195-202.

阴江宁, 肖克炎. 2012. Hopfield 神经网络在矿产资源评价中的应用——以新疆东
天山铜镍硫化物矿床为例[J]. 地球物理学进展, 27(4): 1708-1716.

殷小舟. 2009. 一种改进的结合 K 近邻法的 SVM 分类算法[J]. 中国图象图形学报,

14(11): 2299-2303.

於崇文. 1994. 成矿作用动力学——理论体系和方法论[J]. 地学前缘, 3: 21.

翟明国, 杨树锋, 陈宁华, 等. 2018. 大数据时代: 地质学的挑战与机遇[J]. 中国科学院院刊, 33(8): 825-831.

翟裕生. 1999. 论成矿系统[J]. 地学前缘, 1: 14-28.

翟裕生. 2003. 成矿系统研究与找矿[J]. 地质调查与研究, 2: 65-71.

张金带, 李子颖, 苏学斌, 等. 2019. 核能矿产资源发展战略研究[J]. 中国工程科学, 21(1): 113-118.

张丽. 2017. 诸广南部燕山期代表性花岗岩的矿物学特征及对岩石成因和成矿潜力的指示意义[D]. 南京: 南京大学.

张龙, 陈振宇, 汪方跃. 2021. 华南花岗岩型铀矿床主要特征与成矿作用研究进展[J]. 岩石学报, 37(9): 2657-2676.

张旗, 周永章. 2018. 大数据助地质腾飞: 岩石学报 2018 第11期大数据专题"序"[J]. 岩石学报, 34(11): 3167-3172.

张素梅, 汪洋, 任纪舜, 等. 2022. 华南诸广山一带桂东岩体加里东期花岗岩的成岩时代研究及其地质意义[J]. 地球学报, 43(5): 593-620.

张万良, 潘开明. 2011. 鹿井铀矿田丰州盆地及其保矿意义[C]. 中国核学会 2011 年学术年会.

张万良, 党飞鹏. 2022. 鹿井矿田铀矿床主控矿因素及找矿方向分析[J]. 铀矿地质, 38(2): 238-246.

张万良, 何晓梅, 吕川, 等. 2011. 鹿井铀矿田成矿地质特征及控矿因素[J]. 铀矿地质, 27(2): 81-87.

张振杰, 成秋明, 杨玠, 等. 2021. 机器学习与成矿预测: 以闽西南铁多金属矿预测为例[J]. 地学前缘, 28(3): 221-235.

赵如意, 王登红, 陈毓川, 等. 2020. 南岭成矿带铀矿地质特征、成矿规律与全位成矿模式[J]. 地质学报, 94(1): 149-160.

郑泽宇. 2019. 吉林省和龙地区多元地球化学异常识别的几种机器学习方法比较[D]. 长春: 吉林大学.

周维勋. 1979. 花岗岩铀矿床的表生汲取模式及其找矿意义[J]. 放射性地质, 3: 1-11.

周永章, 张旗. 2017. 大数据正在引发地球科学领域一场深刻的革命——《地质科学》2017 年大数据专题代序[J]. 地质科学, 52(3): 637-648.

周永章, 黎培兴, 王树功, 等. 2017. 矿床大数据及智能矿床模型研究背景与进展[J]. 矿物岩石地球化学通报, 36(2): 327-331, 344.

周永章, 王俊, 左仁广, 等. 2018. 地质领域机器学习、深度学习及实现语言[J]. 岩石学报, 34(11): 3173-3178.

左仁广, 王健, 熊义辉, 等. 2021a. 2011~2020 年勘查地球化学数据处理研究进展[J]. 矿物岩石地球化学通报, 40(1): 81-93+4.

左仁广, 彭勇, 李童, 等. 2021b. 基于深度学习的地质找矿大数据挖掘与集成的挑战[J]. 地球科学, 46(1): 350-358.

Altmann A, Tolosi L, Sander O, et al. 2010. Permutation importance: an unbiased feature importance measure[J]. Bioinformatics, DOI: 10. 1093/BIOINFORMATICS/BTQ134.

Bethke C M. 1985. A numerical model of compaction-driven groundwater flow and heat transfer and its application to the paleohydrology of intracratonic sedimentary basins[J]. Journal of Geophysical Research: Solid Earth, 90(B8): 6817-6828.

Bonnetti C, Liu X, Mercadier J, et al. 2018. The genesis of granite-related hydrothermal uranium deposits in the Xiazhuang and Zhuguang ore fields, North

Guangdong Province, SE China: insights from mineralogical, trace elements and U-Pb isotopes signatures of the U mineralisation[J]. Ore Geology Reviews, 92: 588-612.

Bonnetti C, Riegler T, Liu X, et al. 2023. Granite-related high-temperature hydrothermal uranium mineralisation: evidence from the alteration fingerprint associated with an early Yanshanian magmatic event in the Nanling belt, SE China[J]. Mineralium Deposita, 58(3): 427-460.

Breiman L. 2001. Random Forests[J]. Machine Learning 45: 5-32.

Breiman L. 2004. RFtools—for Predicting and Understanding Data[R]. Berkeley: interface workshop, April 2004, University of California, Berkeley.

Brown W M, Gedeon T D, Groves D I, et al. 2000. Artificial neural networks: a new method for mineral prospectivity mapping[J]. Australian Journal of Earth Sciences, 47(4): 757-770.

Charvet J, Shu L, Shi Y, et al. 1996. The building of south China: collision of Yangzi and Cathaysia blocks, problems and tentative answers[J]. Journal of Southeast Asian Earth Sciences, 13(3-5): 223-235.

Charvet J, Shu L, Faure M, et al. 2010. Structural development of the Lower Paleozoic belt of South China: genesis of an intracontinental orogen[J]. Journal of Asian Earth Sciences, 39(4): 309-330.

Chelgani S C, Matin S S, Hower J C. 2016. Explaining relationships between coke quality index and coal properties by Random Forest method[J]. Fuel, 182: 754-760.

Chi G, Xue C. 2011. An overview of hydrodynamic studies of mineralization[J]. Geoscience Frontiers, 2(3): 423-438.

Chi G, Zhou Y. 2012. Hydrodynamic constraints on relationships between different types of U deposits in southern China[C]. Mineralogical Magazine, Goldschmidt 2012 Conference Abstracts.

Chi G, Bosman S, Card C. 2013. Numerical modeling of fluid pressure regime in the Athabasca basin and implications for fluid flow models related to the unconformity-type uranium mineralization[J]. Journal of Geochemical Exploration, 125: 8-19.

Chi G, Ashton K, Deng T, et al. 2020. Comparison of granite-related uranium deposits in the Beaverlodge district (Canada) and South China—a common control of mineralization by coupled shallow and deep-seated geologic processes in an extensional setting[J]. Ore Geology Reviews, 117: 103319.

Chi G, Xu D, Xue C, et al. 2022. Hydrodynamic links between shallow and deep mineralization systems and implications for deep mineral exploration[J]. Acta Geologica Sinica - English Edition, 96(1): 1-25.

Chu Y, Lin W, Faure M, et al. 2019. Cretaceous episodic extension in the South China Block, East Asia: evidence from the Yuechengling Massif of Central South China[J]. Tectonics, 38(10): 3675-3702.

Cox S F. 2005. Coupling between deformation, fluid pressures, and fluid flow in ore-producing hydrothermal systems at depth in the crust[J]. One Hundredth Anniversary Volume, DOI: 10. 5382/AV100. 04.

Cui T, Yang J, Samson I M. 2010. Numerical modeling of hydrothermal fluid flow in the Paleoproterozoic Thelon Basin, Nunavut, Canada[J]. Journal of Geochemical Exploration, 106(1-3): 69-76.

Cuney M. 2009. The extreme diversity of uranium deposits[J]. Miner Deposita, 44: 3-9.

Cuney M. 2014. Felsic magmatism and uranium deposits[J]. Bulletin de la Société Géologique de France, 185(2): 75-92.

Cuney M, Kyser T K. 2015. The Geology and Geochemistry of Uranium and Thorium Deposits[M]. Quebec: Mineralogical Association of Canada (MAC).

Dahlkamp F J. 2009. Uranium Deposits of the World: Asia[M]. Berlin, Heidelberg: Springer Berlin Heidelberg,

Eldursi K, Branquet Y, Guillou-Frottier L, et al. 2009. Numerical investigation of transient hydrothermal processes around intrusions: heat-transfer and fluid-circulation controlled mineralization patterns [J]. Earth and Planetary Science Letters, 288(1-2): 70-83.

Eldursi K, Chi G, Bethune K, et al. 2021. New insights from 2- and 3-D numerical modelling on fluid flow mechanisms and geological factors responsible for the formation of the world-class Cigar Lake uranium deposit, eastern Athabasca Basin, Canada [J]. Mineralium Deposita, 56(7): 1365-1388.

Faure M, Sun Y, Shu L, et al. 1996. Extensional tectonics within a subduction-type orogen: the case study of the Wugongshan dome (Jiangxi Province, southeastern China)[J]. Tectonophysics, 263(1): 77-106.

Faure M, Lepvrier C, Nguyen V V, et al. 2014. The South China block-Indochina collision: where, when, and how?[J]. Journal of Asian Earth Sciences, 79: 260-274.

Garven G, Freeze R A. 1984. Theoretical analysis of the role of groundwater flow in the genesis of stratabound ore deposits; 2, Quantitative results[J]. American Journal of Science, 284(10): 1125-1174.

Gessner K. 2009. Coupled models of brittle-plastic deformation and fluid flow: approaches, methods, and application to Mesoproterozoic Mineralisation at Mount

Isa, Australia[J]. Surveys in Geophysics, 30(3): 211-232.

Harris D V, Zurcher L, Stanley M, et al. 2003. A comparative analysis of favorability mappings by weights of evidence, probabilistic neural networks, discriminant analysis, and logistic regression[J]. Natural Resources Research, 12(4): 241-255.

Hayward K S, Cox S F. 2017. Melt welding and its role in fault reactivation and localization of fracture damage in seismically active faults[J]. Journal of Geophysical Research: Solid Earth, 122(12): 9689-9713.

Hobbs B E, Zhang Y, Ord A, et al. 2000. Application of coupled deformation, fluid flow, thermal and chemical modelling to predictive mineral exploration[J]. Journal of Geochemical Exploration, 69-70: 505-509.

Holdsworth R E, Butler C A, Roberts A M. 1997. The recognition of reactivation during continental deformation[J]. Journal of the Geological Society, 154(1): 73-78.

Hong S, Zuo R, Huang X, et al. 2021. Distinguishing IOCG and IOA deposits via random forest algorithm based on magnetite composition[J]. Journal of Geochemical Exploration, 230: 106859.

Hu R, Zhou M. 2012. Multiple Mesozoic mineralization events in South China—an introduction to the thematic issue[J]. Mineralium Deposita, 47(6): 579-588.

Hu R, Bi X, Zhou M, et al. 2008. Uranium Metallogenesis in South China and its relationship to crustal extension during the Cretaceous to Tertiary[J]. Economic Geology, 103(3): 583-598.

Hu R, Chen W, Xu D, et al. 2017. Reviews and new metallogenic models of mineral deposits in South China: an introduction[J]. Journal of Asian Earth Sciences, 137: 1-8.

Hu H, Liu J, Zhang X, et al. 2023. An effective and adaptable k-means algorithm for big data cluster analysis[J]. Pattern Recognition, 139: 109404.

Igonin N, Verdon J P, Kendall J, et al. 2021. Large-scale fracture systems are permeable pathways for fault activation during hydraulic fracturing[J]. Journal of Geophysical Research: Solid Earth, DOI: 10. 1029/2020JB020311.

Izadi H, Sadri J, Mehran N A. 2013. Intelligent mineral identification using clustering and artificial neural networks techniques[C]. Iranian Conference on Pattern Recognition and Image Analysis, DOI: 10. 1109/PRIA. 2013. 6528426.

Li Z, Li X. 2007. Formation of the 1300-km-wide intracontinental orogen and postorogenic magmatic province in Mesozoic South China: a flat-slab subduction model[J]. Geology, 35(2): 179.

Li J, Zhang Y, Dong S, et al. 2014. Cretaceous tectonic evolution of South China: a preliminary synthesis[J]. Earth-Science Reviews, 134: 98-136.

Li Z, Chi G, Bethune K M, et al. 2017. Structural controls on fluid flow during compressional reactivation of basement faults: insights from numerical modeling for the formation of unconformity-related Uranium Deposits in the Athabasca Basin, Canada[J]. Economic Geology, 112(2): 451-466.

Li Z, Chi G, Bethune K M, et al. 2018. Numerical simulation of strain localization and its relationship to formation of the Sue unconformity-related uranium deposits, eastern Athabasca Basin, Canada[J]. Ore Geology Reviews, 101: 17-31.

Li C, Wang Z, Lü Q, et al. 2021a. Mesozoic tectonic evolution of the eastern South China Block: a review on the synthesis of the regional deformation and magmatism[J]. Ore Geology Reviews, 131: 104028.

Li Z, Chi G, Bethune K M, et al. 2021b. Interplay between thermal convection and compressional fault reactivation in the formation of unconformity-related uranium deposits[J]. Mineralium Deposita, 56(7): 1389-1404.

Li B, Liu B, Wang G, et al. 2021c. Using geostatistics and maximum entropy model to identify geochemical anomalies: a case study in Mila Mountain region, southern Tibet[J]. Applied Geochemistry, 124: 104843.

Lin W, Faure M, Monié P, et al. 2000. Tectonics of SE China: new insights from the Lushan massif (Jiangxi Province)[J]. Tectonics, 19(5): 852-871.

Lin H, Xu X, Yang J. 2023. Driving mechanisms and their relative importance in focusing hydrothermal fluid flow in the Chanziping Ore District, South China[J]. Natural Resources Research, 32(1): 117-128.

Liu L, Zhao Y, Zhao C. 2010. Coupled geodynamics in the formation of Cu skarn deposits in the Tongling-Anqing district, China: computational modeling and implications for exploration[J]. Journal of Geochemical Exploration, 106(1): 146-155.

Liu L, Zhao Y, Sun T. 2012. 3D computational shape- and cooling process-modeling of magmatic intrusion and its implication for genesis and exploration of intrusion-related ore deposits: an example from the Yueshan intrusion in Anqing, China[J]. Tectonophysics, 526-529: 110-123.

Liu L, Sun T, Zhou R. 2014. Epigenetic genesis and magmatic intrusion's control on the Dongguashan stratabound Cu-Au deposit, Tongling, China: evidence from field geology and numerical modeling[J]. Journal of Geochemical Exploration, 144: 97-114.

Liu L, Li J, Zhou R, et al. 2016. 3D modeling of the porphyry-related Dawangding gold deposit in South China: implications for ore genesis and resources evaluation[J]. Journal of Geochemical Exploration, 164: 164-185.

Liu X L, Zhang Q, Li W C, et al. 2018. Applicability of large-ion lithophile and high field strength element basalt discrimination diagrams[J]. International Journal of Digital Earth, Taylor & Francis, 11(7): 752-760.

Liu X, Xiao C, Zhang S, et al. 2021. Numerical modeling of deformation at the baiyun gold deposit, Northeastern China: insights into the structural controls on mineralization[J]. Journal of Earth Science, 32(1): 174-184.

Luo J, Hu R, Fayek M, et al. 2015. In-situ SIMS uraninite U-Pb dating and genesis of the Xianshi granite-hosted uranium deposit, South China[J]. Ore Geology Reviews, 65: 968-978.

Mao J, Cheng Y, Chen M, et al. 2013. Major types and time-space distribution of Mesozoic ore deposits in South China and their geodynamic settings[J]. Mineralium Deposita, 48(3): 267-294.

Mao J, Li Z, Ye H. 2014. Mesozoic tectono-magmatic activities in South China: retrospect and prospect[J]. Science China Earth Sciences, 57(12): 2853-2877.

Martin E L, Barrote V R, Cawood P A. 2022. A resource for automated search and collation of geochemical datasets from journal supplements[J]. Scientific Data, 9(1): 724.

Matin S S, Chelgani S C. 2016. Estimation of coal gross calorific value based on various analyses by random forest method[J]. Fuel, 177: 274-278.

McLellan J G, Oliver N H S, Schaubs P M. 2004. Fluid flow in extensional environments; numerical modelling with an application to Hamersley iron ores[J]. Journal of Structural Geology, 26: 1157-1171.

Micklethwaite S, Cox S F. 2004. Fault-segment rupture, aftershock-zone fluid flow, and mineralization[J]. Geology, 32(9): 813.

Min M Z, Luo X Z, Du G S, et al. 1999. Mineralogical and geochemical constraints on the genesis of the granite-hosted Huangao uranium deposit, SE China[J]. Ore Geology Reviews, 14: 105-127.

NEA-OECD. 2022. Uranium 2022: Resources, production and demand[J]. A Joint Report by IAEA and NEA, 7634: 229.

Nicodemus K K, Malley J D. 2009. Predictor correlation impacts machine learning algorithms: implications for genomic studies[J]. Bioinformatics, 25(15): 1884-1890.

Oliver N H S, Pearson P J, Holcombe R J, et al. 1999. Mary Kathleen metamorphic-hydrothermal uranium-rare-earth element deposit: ore genesis and numerical model of coupled deformation and fluid flow[J]. Australian Journal of Earth Sciences, 46(3): 467-484.

Poibeau T, Bandyopadhyay S, Saggion H, et al. 2007. Multi-Source, Multilingual Information Extraction and Summarization[M]. Berlin: Springer.

Qiu L, Yan D, Zhou M, et al. 2014. Geochronology and geochemistry of the Late Triassic Longtan pluton in South China: termination of the crustal melting and Indosinian orogenesis[J]. International Journal of Earth Sciences, 103(3): 649-666.

Rodriguez-Galiano V, Sanchez-Castillo M, Chica-Olmo M, et al. 2015. Machine learning predictive models for mineral prospectivity: an evaluation of neural networks, random forest, regression trees and support vector machines[J]. Ore Geology Reviews.

Romberger S B, 1984. Transport and deposition of uranium in hydrothermal systems at temperatures up to 300 ℃: geological implications. De Vivo B, Ippolito F, Capaldi G, Simpson P R(eds). Uranium geochemistry, mineralogy, geology, exploration and resources. Dordrecht: Springer.

Shu L, Sun Y, Wang D, et al. 1998. Mesozoic doming extensional tectonics of

Wugongshan, South China[J]. Science in China Series D: Earth Sciences, 41(6): 601-608.

Shu L S, Zhou X M, Deng P, et al. 2009. Mesozoic tectonic evolution of the Southeast China Block: new insights from basin analysis[J]. Journal of Asian Earth Sciences, 34(3): 376-391.

Sibson R H. 2001. Seismogenic Framework for Hydrothermal Transport and Ore Deposition[M]. Richards J P, Tosdal R M. Structural Controls on Ore Genesis. Littleton, USA: Society of Economic Geologists.

Strobl C, Boulesteix A L, Kneib T, et al. 2008. Conditional variable importance for random forests[J]. BMC Bioinformatics, 9(1): 307.

Sun Y, Chen Z, Boone S C, et al. 2021. Exhumation history and preservation of the Changjiang uranium ore field, South China, revealed by (U-Th)/He and fission track thermochronology[J]. Ore Geology Reviews, 133: 104101.

Tănăsescu A, Popescu P G. 2019. A fast singular value decomposition algorithm of general k-tridiagonal matrices[J]. Journal of Computational Science, 31: 1-5.

Vincenzi S, Zucchetta M, Franzoi P, et al. 2011. Application of a Random Forest algorithm to predict spatial distribution of the potential yield of Ruditapes philippinarum in the Venice lagoon, Italy[J]. Ecological Modelling, 222(8): 1471-1478.

Wang Y, Fan W, Zhang G, et al. 2013. Phanerozoic tectonics of the South China Block: key observations and controversies[J]. Gondwana Research, 23(4): 1273-1305.

Wang L X, Ma C Q, Lai Z X, et al. 2015. Early Jurassic mafic dykes from the Xiazhuang ore district (South China): implications for tectonic evolution and uranium metallogenesis[J]. Lithos, 239: 71-85.

Wang H, Yang F, Luo Z. 2016. An experimental study of the intrinsic stability of random forest variable importance measures[J]. BMC Bioinformatics, 17(1): 1-18.

Wilson C J L, Leader L D. 2014. Modeling 3D crustal structure in Lachlan Orogen, Victoria, Australia: implications for gold deposition[J]. Journal of Structural Geology, 67: 235-252.

Wong W H. 1927. Crustal movements and igneous activities in Eastern China since Mesozoic time[J]. Bulletin of the Geological Society of China, 6(1): 9-37.

Xiong Z Y. 2020. Mapping mineral prospectivity via semi-supervised random forest[J]. Natural Resources Research, 29: 189-202.

Xiong Y, Zuo R. 2020. Recognizing multivariate geochemical anomalies for mineral exploration by combining deep learning and one-class support vector machine[J]. Computers & Geosciences, 140: 104484.

Xu D, Chi G, Nie F, et al. 2021. Diversity of uranium deposits in China—an introduction to the Special Issue[J]. Ore Geology Reviews, 129: 103944.

Yu X, Xiao F, Zhou Y, et al. 2019, Application of hierarchical clustering, singularity mapping, and Kohonen neural network to identify Ag-Au-Pb-Zn polymetallic mineralization associated geochemical anomaly in Pangxidong district[J]. Journal of Geochemical Exploration, 203: 87-95.

Yu C, Wang K, Liu X, et al. 2020. Hydrothermal alteration and elemental mass changes of the Xiangyangping uranium deposit in the Miao'ershan ore field, South China[J]. Ore Geology Reviews, 125: 103675.

Yu Z, Liu L, Ling H, et al. 2023. Apatite as a probe into the nature and origin of hydrothermal fluids responsible for U leaching in the lujing granite-related U deposits, South China[J]. Economic Geology, 118(5): 24.

Zhang Y, Lin G, Roberts P, et al. 2007. Numerical modelling of deformation and fluid flow in the Shuikoushan District, Hunan Province, South China[J]. Ore Geology Reviews, 31(1-4): 261-278.

Zhang Y, Schaubs P M, Zhao C, et al. 2008. Fault-related dilation, permeability enhancement, fluid flow and mineral precipitation patterns: numerical models[J]. Geological Society, London, Special Publications, 299(1): 239-255.

Zhang Y, Robinson J, Schaubs P M. 2011. Numerical modelling of structural controls on fluid flow and mineralization[J]. Geoscience Frontiers, 2(3): 449-461.

Zhang Z J, Ren G Z, Yi H X. 2016. A comparative study of fuzzy weights of evidence and random forests for mapping mineral prospectivity for skarn-type Fe deposits in the southwestern Fujian metallogenic belt, China[J]. Science in China: Earth Sciences in English, 3: 17.

Zhang C, Cai Y, Xu H, et al. 2017. Mechanism of mineralization in the Changjiang uranium ore field, South China: evidence from fluid inclusions, hydrothermal alteration, and H-O isotopes[J]. Ore Geology Reviews, 86: 225-253.

Zhang L, Chen Z, Li X, et al. 2018. Zircon U-Pb geochronology and geochemistry of granites in the Zhuguangshan complex, South China: implications for uranium mineralization[J]. Lithos, 308-309: 19-33.

Zhang C, Cai Y Q, Dong Q, et al. 2019a. Cretaceous–Neogene basin control on the formation of uranium deposits in South China: evidence from geology, mineralization ages, and H-O isotopes[J]. International Geology Review, 62(3): 263-310.

Zhang C, Cai Y, Dong Q, et al. 2019b. Genesis of the South Zhuguang uranium ore field, South China: fluid inclusion and H-C-O-S-Sr isotopic constraints[J]. Applied

Geochemistry, 100: 104-120.

Zhang L, Chen Z, Wang F, et al. 2021a. Release of uranium from uraninite in granites through alteration: implications for the source of granite-related uranium ores[J]. Economic Geology, 116(5): 1115-1139.

Zhang L, Chen Z, Wang F, et al. 2021b. Whole-rock and biotite geochemistry of granites from the Miao'ershan batholith, South China: implications for the sources of granite-hosted uranium ores[J]. Ore Geology Reviews, 129: 103930.

Zhang J, Zhou D, Chen M. 2021c. Monitoring multimode processes: a modified PCA algorithm with continual learning ability[J]. Journal of Process Control, 103: 76-86.

Zhao K, Jiang S, Ling H, et al. 2016. Late Triassic U-bearing and barren granites in the Miao'ershan batholith, South China: petrogenetic discrimination and exploration significance[J]. Ore Geology Reviews, 77: 260-278.

Zhong F, Wang L, Wang K X, et al. 2023a. Mineralogy and geochemistry of hydrothermal alteration of the Mianhuakeng uranium deposit in South China: implications for mineralization and exploration[J]. Ore Geology Reviews, 160: 105606.

Zhong F, Zhang X, Wang K, et al. 2023b. Genesis of the Mianhuakeng granite-related uranium deposit, South China: insights from cathodoluminescence imaging, fluid inclusions, and trace elements composition of hydrothermal quartz[J]. Ore Geology Reviews, 154: 105308.

Zhou X, Sun T, Shen W, et al. 2006. Petrogenesis of Mesozoic granitoids and volcanic rocks in South China: a response to tectonic evolution[J]. Episodes, 29(1): 26-33.

Zhu R, Yang J, Wu F. 2012. Timing of destruction of the North China Craton[J]. Lithos, 149: 51-60.